浙江省"十一五"重点建设教材 计算机系列教材

马华林 王 璞 张立燕 主 编
陈 凤 周雄庆 冯姚震 副主编

ASP.NET Web 应用系统项目开发(C#)

清华大学出版社
北京

内 容 简 介

本书以使用 Visual Studio 2010 开发工具和 SQL Server 2008 数据库开发网上书店为载体介绍 ASP.NET 开发 Web 应用程序的知识和技术。全书共 9 章，内容分为基础篇和实战篇。基础篇主要让读者认识和体验 Web 应用程序，掌握 Web 应用程序的基本技术，内容包括认识 Web 应用程序、Web 服务器控件、C♯语言与面向对象编程、Web 页面的数据库访问技术、ASP.NET 内置对象。实战篇从设计到代码实现介绍网上书店开发的全过程，主要包括简易网上书店总体设计、首页设计、实现购物流程和后台管理。

本书对知识和技能的介绍力求"简明扼要"和"必须够用"，用文字和图相结合来描述相关知识和技能，重点介绍企业 80％的时间在使用的 20％的核心技术，而那些 80％不常用的非核心技术书中只作简单介绍，或者只是作为拓展内容。

本书主要使用对象为应用型本科院校、高等职业技术学院计算机类及相关专业的教师和学生，同时也可作为社会培训机构使用的教材，也可以作为 Web 程序员、广大科技工作者的参考书。

本书封面贴有清华大学出版社防伪标签，无标签者不得销售。
版权所有，侵权必究。举报：010-62782989，beiqinquan@tup.tsinghua.edu.cn。

图书在版编目(CIP)数据

ASP.NET Web 应用系统项目开发：C♯/马华林等主编．—北京：清华大学出版社，2015(2025.1重印)
计算机系列教材
ISBN 978-7-302-39333-7

Ⅰ．①A… Ⅱ．①马… Ⅲ．①网页制作工具-程序设计-高等学校-教材 ②C 语言-程序设计-高等学校-教材 Ⅳ．①TP393.092 ②TP312

中国版本图书馆 CIP 数据核字(2015)第 024956 号

责任编辑：白立军
封面设计：常雪影
责任校对：白 蕾
责任印制：曹婉颖

出版发行：清华大学出版社
网　　址：https://www.tup.com.cn，https://www.wqxuetang.com
地　　址：北京清华大学学研大厦 A 座　　　　　邮　编：100084
社 总 机：010-83470000　　　　　　　　　　　 邮　购：010-83470235
投稿与读者服务：010-62776969，c-service@tup.tsinghua.edu.cn
质量反馈：010-62772015，zhiliang@tup.tsinghua.edu.cn
课件下载：https://www.tup.com.cn，010-83470236

印 装 者：涿州市般润文化传播有限公司
经　　销：全国新华书店
开　　本：185mm×260mm　　　印 张：13　　　字 数：298 千字
版　　次：2015 年 5 月第 1 版　　　　　　　　　印 次：2025 年 1 月第 12 次印刷
定　　价：39.00 元

产品编号：063461-02

《ASP.NET Web 应用系统项目开发(C#)》前言

在互联网浪潮下，越来越多的企事业单位需要有自己的商务网站，甚至需要自己的 Web 业务系统，致使对 Web 开发人员的需求与时俱增。ASP.NET 是微软公司推出的 Web 应用程序开发技术，像当当网、京东等大型电子商务网站都采用 ASP.NET 开发。由于 ASP.NET 开发 Web 应用程序方便、高效、安全，正被越来越多的软件企业采用并看好。本书的目的是引导初学者进入 ASP.NET Web 开发人员行列，掌握 Web 应用程序开发的常用知识和技能，为读者成为优秀的软件工程师打下坚实的基础。

本书作者是具有多年软件开发和教学经验的教师，立足计算机软件教学实际情况，结合宁波广路信息科技有限公司等软件企业对新员工的要求，使本书具有以下特色。

（1）针对初学者的学习规律，对知识和技能的介绍力求"简明扼要"和"必须够用"，用文字和图相结合的方式来描述相关知识和技能。

（2）重点介绍企业 80％的时间在使用的 20％的核心技术，简单介绍那些 80％不常用的非核心技术。

（3）教学案例来自企业的真实项目，先简化企业项目方便初学者学习，然后在习题中要求读者改进程序满足项目实际要求。

（4）本书提供所有程序的源代码和作者教学中使用的所有教学材料，可从清华大学出版社网站 www.tup.com.cn 下载。

全书共 9 章，内容分为基础篇和实战篇，基础篇包括第 1 章～第 5 章，实战篇包括第 6 章～第 9 章。第 1 章先让读者认识什么是 Web 应用程序，然后通过发布一个 Web 应用程序来体验和了解 Web 应用程序。第 2 章介绍了常用 Web 服务器控件和验证控件。第 3 章介绍开发 Web 应用程序必须具备的 C♯语言和面向对象编程技术。第 4 章介绍 ASP.NET 访问 SQL Server 数据库的技术。第 5 章介绍 ASP.NET 的常用内置对象。第 6 章介绍简易网上书店的总体设计。第 7 章介绍网上书店的首页设计与实现。第 8 章介绍网上书店购物流程设计与实现。第 9 章介绍网上书店的后台管理设计与实现。

本书由马华林、王璞、张立燕任主编，陈凤、周雄庆、冯姚震任副主编，合作企业宁波广路信息科技有限公司的郑钦勇同志提出了很多宝贵的意见，何燕飞等老师为本书做了大量细致的工作。由于作者水平有限，疏漏和错误之处难以避免，恳请使用本书的教师和读者提出宝贵意见。

本书为浙江省"十一五"重点建设教材，在出版前曾以《使用 ASP.NET 技术开发 Web 应用系统》和《电子商务网站开发实战教程》为名得到了浙江省教育厅和作者单位的资助，在此表示感谢。万分感谢为本书出版付出辛勤劳动的清华大学出版社的朋友。

编　者

2015 年 1 月

第一篇 基　础　篇

第1章　认识Web应用程序　/3
1.1　什么是Web应用程序　/3
  1.1.1　客户端和服务端　/4
  1.1.2　ASP.NET Web应用程序简介　/4
1.2　发布Web应用程序　/5
  1.2.1　安装.NET Framework4.0　/5
  1.2.2　安装IIS　/5
  1.2.3　确定要发布的Web应用程序　/7
  1.2.4　设置参数发布Web应用程序　/8
1.3　第一个ASP.NET应用程序　/13
  1.3.1　新建ASP.NET网站　/13
  1.3.2　分析第一个ASP.NET应用程序　/16
  1.3.3　控件与事件　/20
1.4　本章小结　/22
1.5　本章习题　/22
  1.5.1　理论练习　/22
  1.5.2　实践操作　/23

第2章　Web服务器控件　/24
2.1　Web服务器控件简介　/24
  2.1.1　HTML控件与服务器控件　/24
  2.1.2　Web服务器控件工作原理　/25
2.2　标准Web服务器控件　/25
  2.2.1　Label控件　/26
  2.2.2　Button　/27
  2.2.3　TextBox控件　/27
  2.2.4　RadioButton　/27
  2.2.5　CheckBox　/28

2.2.6 DropDownList /29
  2.2.7 Image /30
  2.2.8 HyperLink /30
  2.2.9 综合练习 /31
 2.3 ASP.NET 验证控件 /33
  2.3.1 RequiredFieldValidator 控件 /33
  2.3.2 CompareValidator /35
  2.3.3 RangeValidator /36
  2.3.4 RegularExpressionValidator /37
  2.3.5 ValidationSummary /38
 2.4 本章小结 /39
 2.5 本章习题 /40
  2.5.1 理论练习 /40
  2.5.2 实践操作 /40

第 3 章 C#语言与面向对象编程 /41
 3.1 变量与常量 /41
  3.1.1 变量 /41
  3.1.2 常量 /42
  3.1.3 数据类型转换 /42
 3.2 运算符 /43
 3.3 数组 /44
 3.4 方法 /45
 3.5 程序控制语句 /46
  3.5.1 选择语句 /46
  3.5.2 循环语句 /48
  3.5.3 跳转语句 /52
 3.6 对象和类 /53
  3.6.1 创建类和对象 /53
  3.6.2 属性 /55

3.6.3 构造方法和析构方法 /57
3.6.4 方法重载 /58
3.7 本章小结 /59
3.8 本章习题 /59
3.8.1 理论练习 /59
3.8.2 实践操作 /60

第4章 Web页面的数据库访问技术 /61
4.1 ADO.NET 数据库访问模型 /61
4.1.1 SQL 语句 /62
4.1.2 SqlConnection 对象 /63
4.1.3 SqlCommand 对象 /64
4.1.4 DataSet 和 DataTable /64
4.1.5 SqlDataAdapter 对象 /65
4.2 ADO.NET 操作数据库 /65
4.2.1 从数据库中查询数据 /66
4.2.2 修改数据库表中的数据 /69
4.2.3 往数据库表中添加一行数据 /71
4.2.4 删除数据库表中的数据 /73
4.3 编写数据库操作类 /75
4.3.1 配置数据库连接字符串 /75
4.3.2 创建数据库操作类 /76
4.3.3 使用 DataBase 类 /79
4.4 本章小结 /81
4.5 本章习题 /81
4.5.1 理论练习 /81
4.5.2 实践操作 /82

第5章 ASP.NET 内置对象 /83
5.1 Response 对象 /83

5.2　Request 对象　/85
5.3　Cookie 对象　/88
5.4　Session 对象　/89
5.5　Application 对象　/91
5.6　Server 对象　/92
5.7　本章小结　/94
5.8　本章习题　/94
  5.8.1　理论练习　/94
  5.8.2　实践操作　/95

第二篇　实　战　篇

第 6 章　简易网上书店总体设计　/99

6.1　简易网上书店页面组成　/99
  6.1.1　系统页面组成　/99
  6.1.2　系统主要页面界面　/100
6.2　数据库设计　/105
6.3　CSS＋div 布局网站首页　/108
  6.3.1　CSS 概述　/109
  6.3.2　CSS 盒子模型　/114
  6.3.3　网站首页布局　/115
6.4　本章小结　/120
6.5　本章习题　/121
  6.5.1　理论练习　/121
  6.5.2　实践操作　/121

第 7 章　首页设计　/122

7.1　首页中的母版页　/122
  7.1.1　创建和使用母版页　/123
  7.1.2　在母版页中布局　/125

7.1.3 ♯head 区设计 /127
7.2 菜单的设计 /128
　　7.2.1 Menu 控件概述 /128
　　7.2.2 首页中菜单设计 /129
7.3 Repeater 控件显示图书分类 /130
　　7.3.1 Repeater 控件概述 /130
　　7.3.2 实现图书分类 /131
7.4 DataList 控件显示图书 /132
7.5 搜索功能实现 /134
7.6 站点导航 /135
7.7 登录功能实现 /137
7.8 本章小结 /138
7.9 本章习题 /139
　　7.9.1 理论练习 /139
　　7.9.2 实践操作 /139

第8章 实现购物流程 /140

8.1 实现注册页面 /140
　　8.1.1 注册页面设计 /140
　　8.1.2 注册代码设计 /141
　　8.1.3 注册页面测试 /142
8.2 实现我的信息 /143
　　8.2.1 页面设计 /143
　　8.2.2 代码实现 /144
　　8.2.3 测试 /146
8.3 图书详细页面 /147
　　8.3.1 页面设计 /148
　　8.3.2 代码实现 /150
8.4 我的购物车 /151
　　8.4.1 购物车业务流程 /151

         8.4.2　页面设计　/155
         8.4.3　代码实现　/158
　8.5　我的订单　/169
　8.6　本章小结　/172
　8.7　本章习题　/172
         8.7.1　理论练习　/172
         8.7.2　实践操作　/173

第9章　后台管理　/174
　9.1　后台管理母版　/174
         9.1.1　TreeView控件管理后台页面　/174
         9.1.2　后台管理员登录　/175
　9.2　管理员信息编辑　/176
　9.3　图书类别管理　/178
         9.3.1　添加类别　/178
         9.3.2　编辑类别　/181
　9.4　图书管理　/184
         9.4.1　添加图书　/184
         9.4.2　编辑图书　/187
　9.5　订单管理　/191
         9.5.1　页面设计　/191
         9.5.2　代码实现　/193
　9.6　本章小结　/195
　9.7　本章习题　/195
         9.7.1　理论练习　/195
         9.7.2　实践操作　/196

参考文献　/197

第一篇

基 础 篇

第 1 章　认识 Web 应用程序
第 2 章　Web 服务器控件
第 3 章　C♯语言与面向对象编程
第 4 章　Web 页面的数据库访问技术
第 5 章　ASP.NET 内置对象

第 1 章 认识 Web 应用程序

本章任务
（1）认识 Web 应用程序。
（2）发布一个 Web 应用程序。
（3）编写一个简单的 ASP.NET 程序。

1.1 什么是 Web 应用程序

一个 Web 应用程序就是一个能让用户完成某些特定任务的网站[①]。网站的访问方法是用户在浏览器（如 Internet Explorer）中输入网站的网址（如 www.baidu.com），通过互联网进行访问，网站程序位于服务器中，如图 1-1 所示。

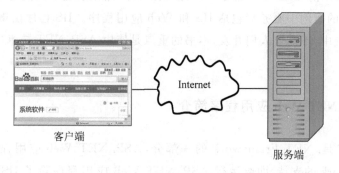

图 1-1　网站的访问方法

Web 应用程序是一种基于 Web 的应用程序，那么什么是应用程序呢？先介绍一下应用程序和系统程序的区别。

（1）应用程序：指的是专门为帮助用户去执行一个或多个相关特定任务而设计的计算机软件，如财务软件、选课系统等。

（2）系统程序[②]：是指控制和协调计算机及外部设备和支持应用软件开发及运行的系统，是无须用户干预的各种程序，主要功能是调度、监控和维护计算机系统，使得计算机使用者和其他软件将计算机当作一个整体，不需要顾及计算机底层硬件是如何工作的，如 Windows XP 操作系统是典型的系统程序。

---

① 外刊评论："如何开发 Web 应用程序"，http://www.vaikan.com/how-to-develop-web-applications/。
② 百度百科："系统软件"，http://baike.baidu.com/view/7860.htm。

Web 应用程序首先是一种应用程序,即能够让用户完成某些特定任务,其次它是基于 Web 的。通常认为只是发布信息的网站(如企业网站)不是 Web 应用程序。

1.1.1 客户端和服务端

凡是提供服务的一方可称为服务端(Server),而接受服务的另一方可称为客户端(Client)。Web 应用程序就是一种典型的采用客户端/服务端模式(C/S 模式)的程序,因为使用浏览器(Browser)作为客户端软件,所以这种模式又称为 B/S 模式。用户在浏览器中输入网址,通过 HTTP(Hypertext Transfer Protocol)向网站发送浏览网页的请求(Request),网站收到用户的请求后,将用户要求浏览的网页数据(HTML 代码)通过 HTTP 传输到用户的浏览器(这个动作称为响应,即 Response),浏览器解析收到的网页(HTML 代码)以形象的方式(文字、图片等)显示在浏览器中。

服务端由 Web 服务器和 Web 应用程序两部分组成。浏览器(客户端)向服务端发请求时,先由 Web 服务器接受请求,然后 Web 服务器在 Web 应用程序中选择合适的代码文件执行,把执行的结果通过 Web 服务器返回给浏览器。IIS(Internet Information Services)是最常用的 Web 服务器之一,在微软公司的操作系统中默认使用 IIS 作为 Web 服务器,在本书的案例中服务端包括 IIS 和 Web 应用程序。IIS 程序由微软公司提供并内嵌到操作系统中,不需要人们开发,本书的重点是使用 ASP.NET 技术(C#)开发 Web 应用程序。

1.1.2 ASP.NET Web 应用程序简介

ASP.NET 是.NET Framework 的一部分,ASP.NET Web 应用程序运行时需要.NET Framework 的支持,即要运行 ASP.NET Web 应用程序除了 IIS 之外还需要安装.NET Framework。.NET Framework 又称为.NET 框架,在百度中搜索.NET Framework 就可以下载各种版本的软件,如图 1-2 所示。

.NET Framework 软件的核心组件是公共语言运行时(Common Language Runtime)和各种类库(Class Library)。公共语言运行时为各种基于.NET 的程序(如 ASP.NET、WinForms)提供了运行环境(类似 Java 的虚拟机),类库用来支持.NET 程序的开发。图 1-3 显示了.NET Framewrok 2.0 到 Framewrok 4.5 的结构。

从图 1-3 可见,Framework 2.0 包括公共语言运行时、基础类库、WinForms、ASP.NET、ADO.NET 组成。基础类库提供输入输出、网络、安全等方面的类,WinForms 提供开发 WinForms 程序相关的类,ASP.NET 提供开发 Web 程序相关的类,ADO.NET 提供数据库访问相关的类。

Framework 具有向下兼容的特点,即使用 Framework 2.0 类库开发的 Web 应用程序可以在装有 Framework 4.0 的机器上运行,反之则不行。

图 1-2 下载.NET Framework

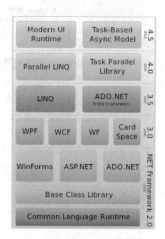
图 1-3 .NET 框架结构

1.2 发布 Web 应用程序

一般来说，Web 应用程序发布在 Windows Server 2003 或者 Windows Server 2008 上，如果是学习或者实验需要也可以发布在 Windows XP 上。本书就以 Windows XP 操作系统为例，介绍 Web 应用程序的发布过程。发布 Web 应用程序需要以下几个步骤。

(1) 安装.NET Framework 4.0。
(2) 安装 IIS。
(3) 确定 Web 应用程序的位置并配置。
(4) 测试。

1.2.1 安装.NET Framework 4.0

发布 ASP.NET 应用程序必须要安装.NET Framework，本书选择的开发工具是 Visual Studio 2010，最高可以支持的版本为.NET Framework 4.0，因此选择安装.NET Framework 4.0。需要注意的是，Visual Studio 2010 是 Web 应用程序的开发工具，发布 Web 应用程序并不需要安装 Visual Studio 2010。如果计算机已经安装了 Visual Studio 2010，那就不用单独安装.NET Framework 4.0 了，因为在安装 Visual Studio 2010 的过程中会自动安装.NET Framework 4.0。

安装.NET Framework 4.0 非常简单，软件可以在百度搜索并下载，然后双击下载的软件开始安装，按照提示完成安装即可。

1.2.2 安装 IIS

选择"控制面版"→"添加或删除程序"→"添加或删除 Windows 组件"，在 IIS 复选框上打钩，如图 1-4 所示。

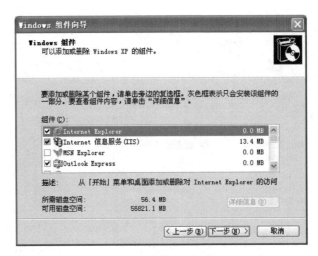

图1-4　安装IIS组件

然后单击"下一步"按钮，进入如图1-5所示的界面。

图1-5　选择操作系统安装文件

单击"浏览"按钮选择 Windows XP 系统盘安装文件路径(i386)，即可根据提示完成 IIS 的安装。如果没有 Windows XP 系统安装盘，也可以从网上下载 iisxpi386 软件，在这个软件中集成了所有 IIS 安装过程中所需要读取的文件。

IIS 安装完成后，选择"控制面板"→"管理工具"→"Internet 信息服务"，显示如图 1-6 所示。

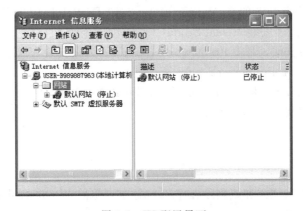

图1-6　IIS配置界面

1.2.3 确定要发布的 Web 应用程序

本书的 Web 应用系统在 F：\OnlineBook\OnlineBook，如图 1-7 所示。

图 1-7 网站主目录

这是一个用 ASP.NET 技术开发的 Web 应用源程序。一般来说 Web 应用程序开发完后交付客户时会进行打包发布操作，这样客户拿到的程序是不包括程序源代码的，但能看到页面文件。本书将要发布的 Web 程序包括源代码，扩展名为 cs 的文件都是程序源文件，扩展名是 aspx 的文件都是页面文件。App_Data 文件夹用来存储数据库文件，打开文件夹 App_Data，如图 1-8 所示。

图 1-8 App_Data 文件夹中的内容

显然这个 Web 应用程序使用 SQL Server 数据库来存储数据。

1.2.4 设置参数发布 Web 应用程序

1. 启动数据库引擎

加载数据库前先要安装 SQL Server 数据库,本书选择是的 Microsoft SQL Server 2008,本书不再介绍 SQL Server 数据库的安装过程,若读者有困难请到互联网上搜索相应参考资料。在 Microsoft SQL Server 2008 数据库安装成功后,单击 Microsoft SQL Server 2008→"配置工具"→"SQL Server 配置管理器",如图 1-9 所示。

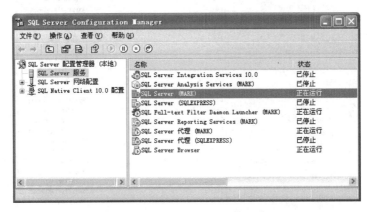

图 1-9 SQL Server 配置管理器

图 1-9 中 SQL Server(MARK)已经启动,如果没有启动,请通过右键菜单启动。由于本机中安装了多个 SQL Server 引擎,SQL Server 配置管理器为了区分不同的数据库引擎,会在名字后面加上标识,如 SQL Server(MARK)、SQL Server(SQLEXPRESS),如果主机中只有一个数据库引擎,那么数据库引擎的名称就为 SQL Server。

2. 通过 SQL Server Management Studio 加载数据库

启动 SQL Server Management Studio 后,需要先连接数据库引擎,如图 1-10 所示。

图 1-10 连接数据库引擎

在"服务器名称"栏中选择需要连接的数据库引擎,如果主机上有多个数据库引擎,请正确选择合适的数据库引擎。采用 Windows 身份验证,单击"连接"按钮,显示如图 1-11 所示。

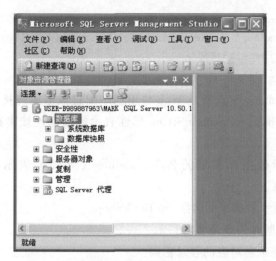

图 1-11　连接数据库

右击数据库,在弹出的快捷菜单中选择"附加"命令,选择网站的数据库,单击"确定"按钮,完成数据库加载,如图 1-12 所示。

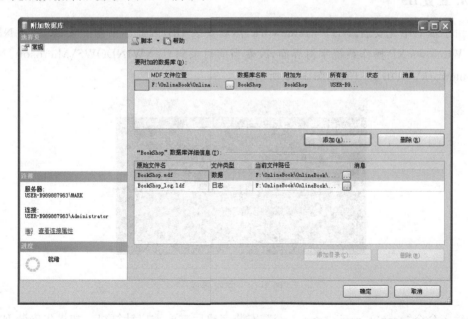

图 1-12　附加数据库

3. Web.config 文件中配置数据库连接字符串

数据库加载后,Web 应用程序还不能直接访问 SQL Server 2008 数据库,需要进入

Web 应用程序目录中找到 Web.config 文件，Web.config 文件用来存放 Web 应用程序的配置信息，在文件中可以对访问数据库的连接字符串信息进行配置。打开 Web.config 后，可以看到以 XML 格式编写的代码。

```
<connectionStrings>
< add name =" BookShop" connectionString =" server = localhost \ MARK; database = BookShop; uid=sa;pwd=123456"/>
</connectionStrings>
```

＜connectionStrings＞节点就是 Web 应用程序配置数据库连接字符串的位置，它包含一个子节点 BookShop，connectionString 属性表示数据库连接字符串。这个字符串的含义如下。

（1）server：表示数据库引擎的名字，localhost\MARK 表示本地主机中标识为 MARK 的数据库引擎。

（2）database：表示数据库的名字，如 BookShop。

（3）uid：表示数据库的登录名，如 sa。

（4）pwd：表示登录名对应的登录密码。

把当前 SQL Server 2008 数据库中 sa 的登录密码修改为 123456，如果主机中只装了一个数据库引擎，那么 server 属性的值就要改为(local)或者"."。

4．配置 IIS

由于本书中先安装.NET Framework，然后安装 IIS，因此需要重新安装 ASP.NET，进入 Windows XP 操作系统字符界面，改变当前目录到 C：\WINDOWS\Microsoft.NET\Framework\v4.0.30319，如图 1-13 所示。

图 1-13　字符界面

输入命令"aspnet_regiis.exe　-i"，安装完成后需要重启计算机。如果先安装 IIS 后安装.NET Framework 就不需要输入这个命令，下面详细介绍 IIS 的配置。

1）配置网站的主目录和文档

进入 IIS 配置界面，右击"默认网站"，执行"属性"命令后显示如图 1-14 所示。

图 1-14 默认网站属性

单击"主目录"选项卡,单击"浏览"按钮选择 Web 程序所在的目录,如图 1-15 所示。

图 1-15 配置主目录

单击"文档"选项卡,单击"添加"按钮,添加网站的首页 Default.aspx,如图 1-16 所示。

2）测试

在 IIS 中启动网站后,打开 IE 浏览器并输入 localhost,按 Enter 键后显示网站的首页,如图 1-17 所示。

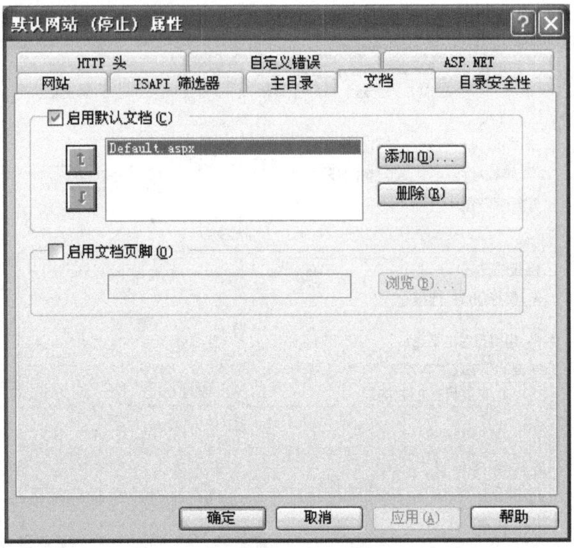

图 1-16　添加主页

图 1-17　网站首页

这就是本书将要开发的简易网上书店 Web 应用程序。这里的 localhost 表示本机，也可以用本机 IP 地址代替，局域网中的其他计算机可以通过 IP 地址访问网站。

注意：如果读者发布 Web 应用系统不成功，可以把主机的防火墙关闭试试。

1.3 第一个 ASP.NET 应用程序

本书采用 Visual Studio 2010 和 SQL Server 2008 作为开发工具，使用 C♯ 作为开发语言。Visual Studio 2010 和 SQL Server 2008 的安装过程本书就不再赘述。

1.3.1 新建 ASP.NET 网站

下面介绍最简单的 ASP.NET 应用程序编写方法。单击 Microsoft Visual Studio 2010 图标(见图 1-18)启动 Microsoft Visual Studio 2010，运行后得到的主界面如图 1-19 所示。

图 1-18　启动图标

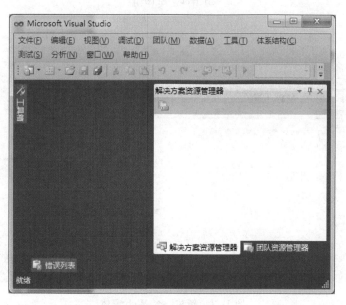

图 1-19　主界面

执行"文件"→"新建"→"网站"命令，选择"ASP.NET 空网站"，选择合适的路径，得到的空网站如图 1-20 所示。

打开新建网站的文件夹可以发现文件夹中有一个 Web.config 文件，这是网站的配置文件。从图 1-20 的"解决方案资源管理器"中可以发现第二行的名称就是新建网站时输入的路径。下面来新建一个网页，右击第二行，单击"添加新项"，选择"Web 窗体"，单击"添加"按钮，新建的 Web 窗体如图 1-21 所示。

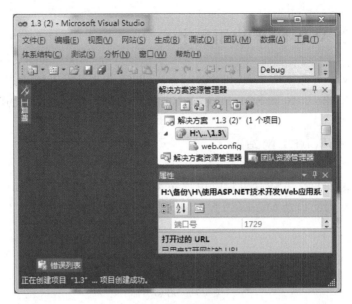

图 1-20 空网站

图 1-21 新建一个 Web 窗体

从解决方案资源管理器中看到网站多了一个 Default.aspx 文件，ASP.NET 中页面的扩展名是 aspx，Visual Studio 左边显示了这个页面的 HTML 源码，并且可以输入内容修改这个源码，如在＜div＞和＜/div＞之间输入 HelloWorld，如图 1-22 所示。

单击"设计"选项，显示设计视图，如图 1-23 所示。

单击解决方案资源管理器中 Default.aspx 前的三角形，显示 Default.aspx.cs 文件，这是 Web 页面 Default.aspx 关联的程序代码文件，双击 Default.aspx.cs，可以看到系统自动生成的代码，如图 1-24 所示。

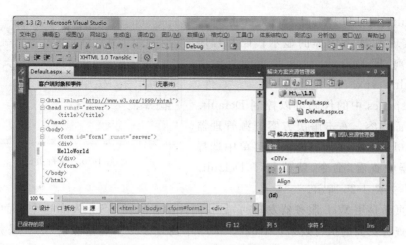

图 1-22　页面 HTML 源码视图

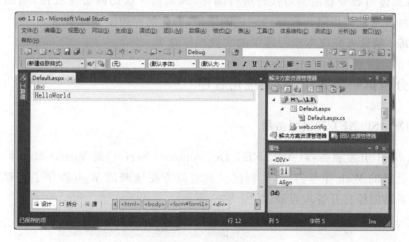

图 1-23　设计视图

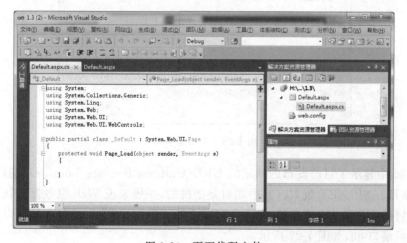

图 1-24　页面代码文件

Default.aspx 和 Default.aspx.cs 是一一对应的,实现了 Web 窗体的显示代码和程序代码的分离,即 Default.aspx 是页面显示文件,Default.aspx.cs 是程序代码文件,Default.aspx.cs 中的代码可以控制 Default.aspx 的界面内容。右击解决方案资源管理器中的 Default.aspx,在弹出的快捷菜单中选择"在浏览器中查看"命令,就执行了 Default.aspx 页面,如图 1-25 所示。

图 1-25 执行页面

这个页面是用 Web 服务器发布的,但我们并没有配置 IIS 来发布这个页面。为了方便程序员查看页面的执行效果,Visual Studio 中内置了一个轻量级的 Web 服务器,当单击"在浏览器中查看"时就会启动 Web 服务器来执行这个页面的程序。由于用户第一次访问 Web 窗体时服务器需要对代码进行编译,因此第一次访问会比较慢,当用户第二次访问时就可以直接调用第一次编译完成的结果,因此访问速度会比较快。

练一练:请读者完成本章习题中的实践操作题1。

1.3.2 分析第一个 ASP.NET 应用程序

1. 理解 ASP.NET 开发服务器

ASP.NET 开发服务器(ASP.NET Development Server)是 Visual Studio 2010 自带的一个轻量级的 Web 服务器,这样程序员就可以方便地调试 Web 程序了。双击屏幕右下角的服务器图标打开管理界面,如图 1-26 所示。

图 1-26 开发服务器

图 1-26 中显示了目前发布的网站的 URL(Uniform Resource Locator)、端口、虚拟路径、物理路径、ASP.NET 版本。其中端口是随机的,一般来说 Web 服务器默认端口号是 80。如果启动本机的 IIS 服务器,在命令窗口中输入"netstat -an"命令就可以看到本机开启了监听端口 80,如图 1-27 所示。

图 1-27 中第一行是 IIS 开启的端口 80,最后一行是开发服务器开启的端口 2571,这

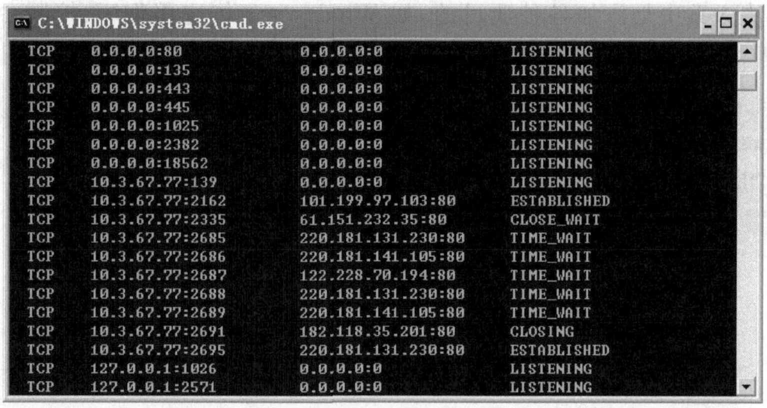

图 1-27　显示本机开启对网络端口

两个端口类型都是 Listening，说明是监听端口，一般来说提供网络服务的软件（服务端）开启的端口都是监听端口。

2．理解解决方案和项目

解决方案资源管理器是 Visual Studio 用来管理一个正在开发的软件所有文档的工具，"解决方案"和"项目"是两个核心的概念。无论大小一个软件就只有一个解决方案，一个解决方案可以是一个"扫雷"这样的单机程序，也可以是"高铁网上售票系统"这样复杂的软件。一个项目往往是一种类型的程序，如一个项目可以是一个 Winform 程序，或者是一个 Web 程序，或者是一个类库，但一个项目不能既包含 Winform 程序又包含 Web 程序。一个解决方案可以只有一个项目，也可以有多个项目，如"高铁网上售票系统"这个解决方案既需要 Web 程序又需要与银行通信的费用结算程序。

右击解决方案资源管理器中的"解决方案"选项，单击"添加"→"新建项目"，如图 1-28 所示。

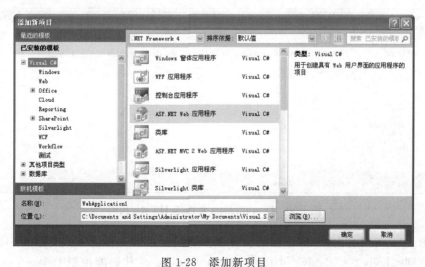

图 1-28　添加新项目

可见解决方案中是添加各种项目的，如 Windows 窗体应用程序、控制台应用程序、Web 应用程序等。右击解决方案资源管理器中的项目，单击"添加新项"，如图 1-29 所示。

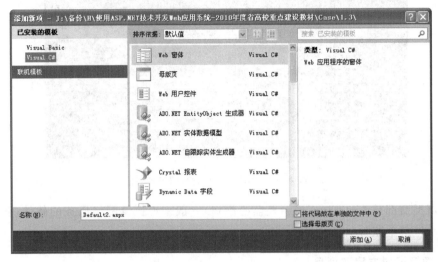

图 1-29　添加新项

可见项目中只能添加单个程序文件，如 Web 窗体。

3. 理解页面文件和代码文件分离

ASP.NET Web 应用程序的页面文件和代码文件是分离的，如创建一个 Default.aspx 时 Visual Studio 2010 会自动创建一个 Default.aspx.cs 文件。一般情况下.aspx 中没有程序代码（程序代码内嵌在页面中除外），只有控件和 HTML 代码，而在.cs 文件中编写相关的代码，这样做的好处是代码和页面内容分离，使代码更加容易阅读和维护。下面先来看一下 Default.aspx 页面的 HTML 代码，如图 1-30 所示。

图 1-30　Default.aspx 页面的 HTML 代码

从图 1-30 可以看出，Web 页面的设计与普通网页采用一样的方式和格式，只要把页面内容放到<body></body>中即可。Default.aspx.cs 代码能控制 Default.aspx 的界面显示，那么这两个文件必定是有关联的，通过 Default.aspx 页面的第一行代码实现了

Default.aspx.cs 和 Default.aspx 的关联。

```
<%@ Page Language="C#" AutoEventWireup="true" CodeFile="Default.aspx.cs"
Inherits="_Default" %>
```

这是一条嵌在页面文件中的指令，ASP.NET 允许程序员把指令和程序代码嵌入在<%%>符号中。ASP.NET 中利用指令来告诉编译器如何处理这个页面，每个指令由一些属性组成，如上面的@Page 指令由 Language、AutoEventWireup、CodeFile 等属性组成。下面介绍属性的含义。

（1）Language：表示与页面文件关联的代码文件使用 C♯语言。
（2）AutoWireup：表明能否自动处理页面事件，默认值是 True。
（3）CodeFile：指定与页面文件对应的代码文件。
（4）Inherits：指定该页面继承的类。

这条@Page 指令的含义就是使用 C♯语言，程序自动处理页面事件，与本页面对应的代码文件是 Default.aspx.cs，继承的类是_Default。

下面看一下代码文件，如图 1-31 所示。

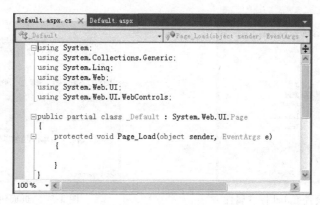

图 1-31　Default.aspx.cs

ASP.NET 采用面向对象开发方法，所有的代码文件都是一个类，与 Web 页面对应的代码文件是一个继承自 System.Web.UI.Page 的_Default 类，这个_Default 正是页面文件中@Page 指令指定的类。

图 1-32　工具箱

ASP.NET 使用了事件驱动编程模型，如图 1-31 中有一个 Page_Load 方法对应一个页面加载事件（又称为 Page_Load 事件），即上面这个页面加载时程序就会自动执行 Page_Load 方法中的代码。下面尝试一下通过在 Page_Load 方法中编写代码控制页面中的标签（Label）控件。

从 Visual Studio 界面中找到工具箱（见图 1-32），然后拖动 Label 控件到 Default.aspx 页面中，设置 Label 控件的属性为"您好"，如图 1-33 所示。

```
<body>
    <form id="form1" runat="server">
    <div>
        HelloWorld<asp: Label ID="Label1" runat="server" Text="您好"></asp: Label>
    </div>
    </form>
</body>
```

在 Default.aspx.cs 文件的 Page_Load 方法中加入给 Label 控件的 Text 属性赋值的代码。

```
protected void Page_Load(object sender,EventArgs e)
    {
        this.Label1.Text="2014年巴西世界杯";
    }
```

执行 Default.aspx 页面，发现页面中 Label 标签被 Page_Load 方法中的代码控制了，如图 1-34 所示。

图 1-33　设置 Label 标签属性

图 1-34　页面浏览

1.3.3　控件与事件

在 1.3.2 节中我们初步尝试了 Label 控件和 Page_Load 事件，下面继续通过例子来理解控件和事件。本节将使用 Label、TextBox、Button 3 种控件。Label 控件可以显示文本但不能通过 Web 界面向控件输入文本，TextBox 控件可以显示文本也能通过界面输入文本，Button 控件可以通过它的 Click 事件来执行一些代码。这些控件都有 Text 属性，用来控制控件的显示内容。

下面编写一个回答问题的小程序，布局如图 1-35 所示。

新建一个 Web 窗体 Default.aspx，分别从工具箱拖入 2 个 Label 控件、1 个 TextBox 控件、1 个 Button 控件，分别设置 4 个控件的 ID 属性和 Text 属性，如给 Label 控件设置 ID 属性为 lblQuestion，Text 属性设置为"北京奥运会是哪一年？"。为了在代码中通过控件名字可以立即判断出控件的类型，一般控件的命名规则为控件类型的小写缩写＋意义，

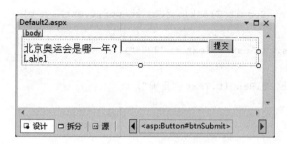

图 1-35 控件布局

如 lbl 是 Label 控件的简写，txt 是 TextBox 控件的简写，btn 是 Button 的简写，意义部分采用首字母大写的方式。因此 4 个控件分别命名为 lblQuestion、txtAnswer、btnSubmit 和 lblResult，如图 1-36 所示。

设置好相关属性后，打开页面文件的源视图，得到的 HTML 代码如下：

```
<form id="form1" runat="server">
    <div>
        <asp: Label ID="lblQuestion" runat="server" Text="北京奥运会是哪一年?"></asp: Label>
        <asp: TextBox ID=" txtAnswer " runat="server"></asp: TextBox>
        <asp: Button ID=" btnSubmit " runat="server" Text="提交"/>
        <br/>
        <asp: Label ID="lblResult" runat="server" Text="Label"></asp: Label>
    </div>
</form>
```

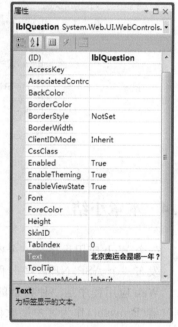

图 1-36 设置属性

界面设计完成后就需要编写代码了，程序显然是在用户单击"提交"按钮后产生结果，因此可以在按钮的 Click 事件中完成代码。双击"提交"按钮进入代码文件，发现代码文件比原来多了一个方法 btnSubmit_Click，这个方法是与按钮的 Click 事件相关联的，即当用户单击"提交"按钮时，程序就会执行方法 btnSubmit_Click 中的代码。

```
protected void btnSubmit_Click(object sender,EventArgs e)
    {

    }
```

下面实现方法 btnSubmit_Click 中的代码，代码很简单，先用 if 语句判断用户的输入，然后在标签 lblResult 中显示判断的结果。

```
protected void btnSubmit_Click(object sender,EventArgs e)
    {
        if (this.txtAnswer.Text =="2008")
        {
            this.lblResult.Text="正确";
        }
        else
        {
            this.lblResult.Text="错误";
        }
    }
```

执行 Default2.aspx 后，显示结果如图 1-37 所示。

图 1-37　显示结果

1.4　本章小结

一个 Web 应用程序是一个能够让用户完成某些特定任务的网站。

发布一个 ASP.NET Web 程序需要先安装 IIS、.NET Framework。

Web 应用程序是一种典型的采用客户端/服务端模式（C/S 模式）的程序，由于使用浏览器（Browser）作为客户端软件，因此这种模式又称为 B/S 模式。

ASP.NET Web 程序的页面文件和代码文件是分离的。

ASP.NET 采用了事件驱动的编程模型。

Label、TextBox、Button 3 种控件都由 Text 属性控制显示内容。

1.5　本章习题

1.5.1　理论练习

1. 下面（　　）软件是发布网站的服务器不可少的（有两个答案）。
   A．IIS   B．SQL Server
   C．.NET Framework   D．Word
2. 下面（　　）不是 .NET Framework 的部件。

  A. ASP.NET   B. IIS   C. CLR   D. C#

3. 能否通过网络访问 Visual Studio 自带的 Web 服务器？（　　）

  A. 能   B. 不能

4. 一般情况下 Web 服务器的端口号是（　　）。

  A. 80   B. 8080   C. 21   D. 22

5. localhost 代表（　　）。

  A. 一个机器名   B. 本地主机

  C. Web 服务器的名字   D. 没

6. Web 服务器通过（　　）响应使用者的页面请求。

  A. HTTP   B. FTP   C. TELNET   D. SSL

7. 关于 Web.Config 文件的描述，（　　）是错的。

  A. 一个配置文件   B. 包含调试信息

  C. 可以自动生成   D. 是个可执行文件

8. 下面（　　）不是数据库连接字符串的内容。

  A. 服务器名   B. 数据库名

  C. 数据库的账号   D. 数据库的版本号

9. aspx 文件中一般没有（　　）。

  A. 控件   B. HTML 代码

  C. 客户端代码   D. 服务器代码

10. 关于 ASP.NET 程序第一次运行的描述，正确的是（　　）。

  A. 较慢   B. 较快   C. 不确定

1.5.2 实践操作

  1. 新建一个网站，添加两个 Web 窗体 First.aspx 和 Second.aspx，给 First.aspx 页面输入内容 First，给 Second.aspx 输入内容 Second，然后完成如下任务。

  （1）右击解决方案资源管理器中的网页名字，单击"在浏览器中查看"显示网页。

  （2）执行"调试"→"启动调试"命令，看哪个 Web 窗体被显示了，如何通过这个方法显示某个 Web 窗体。

  提示：第一次启动调试会弹出未启用调试对话框，选择第一个选项，单击"确定"按钮即可。

  （3）关闭这个解决方案，然后重新打开。

  （4）分别使用页面文件的"源"视图和"设计"视图来输入网页内容。

  2. 打开 Visual Studio 2010，执行"文件"→"新建"→"项目"命令，选择"ASP.NET Web 应用程序"。回答以下问题。

  （1）与本书 1.3.1 节的方法创建的网站在文件和结构上有什么不一样？

  （2）评价这两种方法的优缺点。

第 2 章 Web 服务器控件

本章任务

（1）熟练使用 Web 服务器标准控件。
（2）熟练使用 ASP.NET 验证控件。
（3）设计一个 Web 调查问卷。

2.1 Web 服务器控件简介

在 ASP.NET 程序设计中，Web 页面主要由 Web 服务器控件组成，图 2-1 是一个"调查问卷"页面，其中包含了下拉选择列表(DropDownList)、文本框(TextBox)、单选按钮(RadioButton)、多选按钮(CheckBox)、超链接(HyperLink)、图片框(Image)、按钮(Button)和标签(Label)。

2.1.1 HTML 控件与服务器控件

不管是 ASP 还是 JSP，在进行 Web 程序设计时都使用 HTML 控件，使用 HTML 控件的缺点是在服务器端编程时要使用内置对象 Request 来获取 Web 页面上控件的值，然后进行相应的编程处理。为了让程

图 2-1 Web 服务器控件

序员编写 ASP.NET Web 程序像编写桌面程序那样方便，ASP.NET 使用了 Web 服务器控件，这样程序员在服务器端编程时可以直接获得页面中控件的值。

如图 2-1 中用来输入密码的 TextBox 控件，在 Web 页面设计时控件的代码如下：

密码:<asp: TextBox ID="TextBox2" runat="server"></asp: TextBox>

Web 服务器控件带有 asp 标记前缀，runat="server" 表示这个控件是服务器控件，运行在服务器端，而 HTML 控件是运行在浏览器端的，不会有 runat 属性。当客户在浏览器端浏览页面时，IIS 会执行服务器端代码并把服务器控件代码转换成 HTML 控件代码，如在浏览器中执行"查看"→"源文件"命令，显示文本框的代码如下：

密码:<input name="TextBox2" type="text" id="TextBox2"/>

可见，HTML 控件没有 runat＝"server"属性，默认运行在客户端（浏览器端）。

2.1.2　Web 服务器控件工作原理

Web 服务器控件（Web Server Control）属于 System.Web.UI.WebControls 命名空间的 ASP.NET 服务器控件，其工作原理如图 2-2 所示。

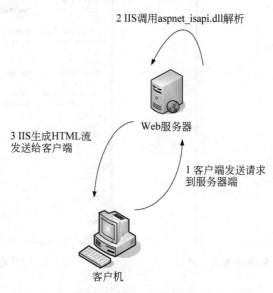

图 2-2　Web 服务器控件工作原理

客户机通过浏览器向服务器请求某个页面，服务器的 IIS 根据请求的网页的扩展名来选择适当的组件来解析，若请求的是 htm 页面，则直接把文件返回给客户端；如果是 aspx 页面，就调用 aspnet_isapi.dll 组件来解析对应的文件，解析的结果形成 HTML 流并返还给客户端，客户端浏览器把 HTML 流显示成网页，即 IIS 会通过 aspnet_isapi.dll 组件把 Web 服务器控件转化成客户端浏览器能识别的 HTML 控件。

2.2　标准 Web 服务器控件

Web 服务器控件可以从 Visual Studio 2010 的工具箱中找到，标准 Web 服务器控件如图 2-3 所示。

如果要把某个控件部署到 Web 页面中，只要把控件从工具箱中拖到页面适当位置即可，控件的属性值可以在源视图中直接修改，也可以通过属性窗口进行设置和修改，如图 2-4 所示。

如选中要修改属性值的文本框，可在属性窗口中进行修改。每个控件都有一个 ID 属性，可以输入一个字符串来重新设置这个属性值，由于 ID 属性值要求在这个 Web 窗体中唯一，输入值时不要和其他控件 ID 属性重名。

图 2-3　标准 Web 服务器控件

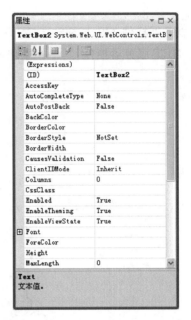

图 2-4　属性窗口

单击属性窗口的 ![] 标识,可以看到控件支持的事件,如按钮控件有一个 Click 事件,双击这个事件的值,Visual Studio 2010 就会在代码文件中动态生成一个方法与这个事件关联。

2.2.1　Label 控件

Label 控件用来显示一段不可编辑文本,其常用属性如表 2-1 所示。

表 2-1　Label 控件常用属性

属　　性	说　　明
ID	控件的唯一标识,所有服务器控件都有
Text	显示的文本
Visible	布尔类型,设置控件是否可见,默认是 True,这是所有服务器控件共有的属性
ForeColor	设置前景色,这是所有服务器控件共有的属性,Label 中显示文字的颜色

建议控件的 ID 值的命名规则为"lbl+意义",如用来存放姓名的标签 ID 为 lblName,即意义部分的单词首字母大写。

2.2.2 Button

Button 是一个按钮,它有单击事件,可以将表单内容提交到服务器,从而激活服务器端的处理。Button 控件的常用属性和事件如表 2-2 所示。

表 2-2 Button 控件的常用属性和事件

属 性	说 明
Text	按钮上显示的文本,虽然不是所有服务器共有的属性,但该属性的出现还是比较频繁的
Click 事件	控件被单击时激发该事件,它是按钮最常用的事件

Button 控件的 ID 值的前缀为 btn。双击设计视图上的按钮,可以自动生成与 Click 事件关联的方法。

```
protected void btnSubmit_Click(object sender,EventArgs e)
{

}
```

2.2.3 TextBox 控件

TextBox 控件可以用于用户输入或者显示文本,它可以配置为单行、多行、密码类型。TextBox 控件的常用属性如表 2-3 所示。

表 2-3 TextBox 控件的常用属性

属 性	说 明
Text	文本框上显示的文本,值为 string 类型
TextMode	枚举类型,SingLine 为默认值,显示一行文字;Password 表示内容显示为 * 号,如图 2-5 所示;MultiLine 显示多行文本内容

TextBox 控件的 ID 值的前缀为 txt,如存放密码的文本字框 ID 值为 txtPassword。

图 2-5 文本模式为 Password

2.2.4 RadioButton

RadioButton 即单选按钮,一组单选按钮(2 个以上)同时只能有一个按钮处在选中状态。RadioButton 控件的常用属性如表 2-4 所示。

表 2-4 RadioButton 控件的常用属性

属　性	说　明
Checked	获取或设置该项目是否被选取,值为 bool 类型,即 True 或者 False
Text	获取或设置按钮文本标签
GroupName	传回或设置按钮所属群组

Checked 的值为 true,表示这个单选按钮被选中,否则为不选中状态。Text 为单选按钮的文本值,如果多个单选按钮的 GroupName 值相同,表示这些按钮是同一组,这一组单选按钮中只允许其中一个处于选中状态。RadioButton 控件的 ID 值的前缀为 rdo。

下面新建一个 Web 窗体 RadioButtonExample,添加 2 个单选按钮,1 个 Button,用 Button 来控制单选按钮的状态,如图 2-6 所示。

图 2-6 单选按钮

页面代码如下：

```
<form id="form1" runat="server">
    <div>
        <asp: RadioButton ID="rdoHigh" runat="server" Text="高" Checked="True"
            GroupName="select"/>
        <asp: RadioButton ID="rdoLow" runat ="server" Text ="低" GroupName =
"select"/>
        <asp: Button ID="btnSelect" runat="server" Text="选择" onclick="btnSelect_
            Click"/>
    </div>
</form>
```

双击 btnSelect 按钮,在方法中写下如下代码：

```
protected void btnSelect_Click(object sender,EventArgs e)
    {
        this.rdoHigh.Checked=False;
        this.rdoLow.Checked=True;
    }
```

2.2.5 CheckBox

Web 服务器控件的 CheckBox 控件可以用来获取用户输入的布尔型数据。选中这个控件时,表示要输入的是 True,若没有选中这个控件,表示要输入的是 False。CheckBox 控件的 ID 值的前缀为 chk。CheckBox 控件的常用属性如表 2-5 所示。

表 2-5 CheckBox 控件的常用属性

属　性	说　明
Checked	获取或设置 CheckBox 控件的复选状态(选中或未选中),默认为 False
Text	获取或设置 CheckBox 控件的文本标签

CheckBox 没有 GroupName 属性，可以通过检测控件的 Checked 属性值来判断这个按钮是否被选中。

2.2.6 DropDownList

DropDownList 控件是一个可以用下拉框方式显示选项的控件。它的选项值可以通过 Items 属性输入。DropDownList 控件的 ID 值的前缀为 ddl，常用属性如表 2-6 所示。

表 2-6　DropDownList 控件的常用属性

属　　性	说　　明
Items	取回 DropDownList 控件中 ListItem 的参数
SelectedIndex	传回被选取列 ListItem 的 Index 值
SelectedItem	传回被选取列 ListItem 的参数

下面新建一个 Web 窗体 DropDownListExample，添加一个 DropDownList，一个 Button，一个 Label，实现单击按钮时在 Label 标签显示 DropDownList 的各个属性值。首先给 DropDownList 的 Items 属性添加 3 个项，每个项都有 Text 值和 Value 值，如图 2-7 所示。

图 2-7　设置 Items 属性

页面代码如下：

```
<form id="form1" runat="server">
    <div>
        <asp: DropDownList ID="ddlProvince" runat="server">
            <asp: ListItem Value="1">上海</asp: ListItem>
            <asp: ListItem Value="2">北京</asp: ListItem>
            <asp: ListItem Value="3">浙江</asp: ListItem>
        </asp: DropDownList>
        <asp: Button ID="Button1" runat="server" onclick="Button1_Click" Text="Button"/>
```

```
        <br/>
        <asp: Label ID="lblContent" runat="server" Text="Label"></asp: Label>
    </div>
</form>
```

在 Button 的 Click 事件对应的方法 Button1_Click 中编写代码测试属性值：

```
protected void Button1_Click(object sender,EventArgs e)
    {
        this.lblContent.Text="text: "+this.ddlProvince.Text+";";
        this.lblContent.Text + =" 索引: " + this. ddlProvince. SelectedIndex. ToString()+";";
        this.lblContent.Text+="value: "+this.ddlProvince.SelectedValue;
        this.lblContent.Text+="内容: "+this.ddlProvince.SelectedItem.Text;
    }
```

实验结果如图 2-8 所示。

图 2-8　DropDownList 属性值测试

由实验结果可知，索引编号是从 0 开始的，Text 属性和 SelectedValue 的属性值是一样的。由于 SelectedIndex. 属性的值是 int 类型，因此要用 ToString() 方法把 int 类型转换成 string 类型。

2.2.7　Image

Image 控件用于在页面上显示图像，其 ID 值的前缀为 img，其最主要属性为 ImageUrl 属性，用来设置要显示的图片的路径，值类型为 string，如图 2-9 所示。

2.2.8　HyperLink

HyperLink 即超链接控件，它的 ID 值的前缀为 hpl。如图 2-10 所示，这个控件最核心的属性是 NavigateUrl 和 Text 属性。NavigateUrl 表示要链接的网址，如 www.ifeng.com，Text 属性表示要显示的文本值，如凤凰网。有时超链接显示的内容不是文字而是图片，只要设置 ImageUrl 属性来指定图片的路径即可。

图 2-9 设置 ImageUrl 属性

图 2-10 HyperLink 属性

2.2.9 综合练习

添加 Web 窗体 Default.aspx，实现某网站的调查问卷，页面效果如图 2-11 所示。要求在单击"提交"按钮后，显示用户输入的内容。页面代码如下：

```
<form id="form1" runat="server">
    <div style="text-align: left">
        调查问卷<br/>
        省份:<asp: DropDownList ID="ddlProvince" runat="server" Height="20px"
            Width="47px">
            <asp: ListItem > 上 海 </asp:
            ListItem>
            <asp: ListItem > 北 京 </asp:
            ListItem>
            <asp: ListItem > 浙 江 </asp:
            ListItem>
        </asp: DropDownList>
        <br/>
        密码:<asp: TextBox ID=" txtPa-
sword" runat="server"
            TextMode="Password"></asp:
            TextBox>
        <br/>
        性别:<asp: RadioButton ID="rdoMan"
runat="server"
            GroupName="Sex" Text="男"/>
        <asp: RadioButton ID=" rdoWomen "
runat=" server" GroupName=" Sex "
Text="女"/>
        <br/>
        爱好:<asp: CheckBox ID="chkBasket-
ball"
            runat="server" Text="篮球"/>
```

图 2-11 调查问卷页面

```
            <asp: CheckBox ID="chkReading" runat="server" Text="读书"/>
            <asp: CheckBox ID="chkFootball" runat="server" Text="足球"/>
            <br/>
            喜欢的网站:<asp: HyperLink ID="hplIfeng" runat="server"
                NavigateUrl="www.ifeng.com">凤凰网</asp: HyperLink>
            <br/>
            最喜欢的书:<br/>
            <asp: Image ID="imgBook" runat="server" ImageUrl="6.jpg"/>
            <br/>
            <asp: Button ID="btnSubmit" runat="server" Text="提交"
                onclick="btnSubmit_Click"/>
            <br/>
            <asp: Label ID="lblResult" runat="server" Text="Label"></asp: Label>
    </div>
    </form>
```

在 Button 按钮的 Click 事件代码中编写代码。

```
protected void btnSubmit_Click(object sender,EventArgs e)
    {
        this.lblResult.Text="["+this.ddlProvince.SelectedItem.Text+"]";
        this.lblResult.Text+="["+this.txtPassword.Text+"]";
        if (this.rdoMan.Checked ==true)
        {
            this.lblResult.Text+="["+this.rdoMan.Text+"]";
        }
        else
        {
            this.lblResult.Text+="["+this.rdoWomen.Text+"]";
        }
        if (this.chkBasketball.Checked ==true)
        {
            this.lblResult.Text+="["+this.chkBasketball.Text+"]";
        }
        if (this.chkFootball.Checked ==true)
        {
            this.lblResult.Text+="["+this.chkFootball.Text+"]";
        }
        if (this.chkReading.Checked ==true)
        {
            this.lblResult.Text+="["+this.chkReading.Text+"]";
        }
        this.lblResult.Text+="["+this.hplIfeng.Text+"]";
        this.lblResult.Text+="["+this.imgBook.ImageUrl+"]";
    }
```

由上述代码可知,每个控件取出的值用[ ]分割,运行结果如图2-12所示。

Web 服务器控件属于 System. Web. UI. WebControls 命名空间,本节介绍了 System. Web. UI. WebControls 命名空间中常用的控件的常用属性及用法,没有为读者罗列各个控件的所有属性和方法,主要是为了防止读者在看到一大堆属性和方法时不知哪些是最核心和最常用的。请读者在练习完这个实验后再去看各个控件的其他属性,探索其用法和意义。

2.3 ASP. NET 验证控件

用户可以通过标准控件来输入一些数据,如文本框中可以输入一个人的年龄,但标准控件不能验证用户输入是否正确,如年龄不可能是负的,如果用户输入负数就没有意义了。ASP. NET 验证控件就是专门对标准控件中的值进行验证的一类控件,它本身不能输入值,但可以对标准控件中的值进行多种要求的验证。ASP. NET 提供了6个验证控件,其中 Custom-Validator 控件不常用,下面介绍最常用的 RequiredFieldValidator、CompareValidator、RangeValidator、RegularExpressionValidator 和 ValidationSummary。

图 2-12 综合练习运行结果

2.3.1 RequiredFieldValidator 控件

RequiredFieldValidator 控件能够验证某一个标准控件中是否已经输入了数据,如果控件中没有输入数据,则将生成有程序员指定的错误信息,通常该控件与 TextBox 一起使用。下面为 2.3 节新建一个网站,添加 RequiredFieldValidator. aspx Web 窗体,添加一个用户名文本框(txtName)、一个 RequiredFieldValidator 验证控件(rfvName)、一个显示结果的 Label(lblResult)、一个提交按钮(btnSubmit),如图 2-13 所示。

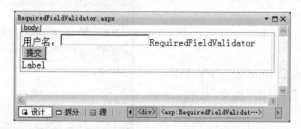

图 2-13 RequiredFieldValidator 控件设计界面

一个 RequiredFieldValidator 控件只能验证一个标准控件,那么 RequiredFieldValidator 控件如何与要验证的标准控件进行关联呢?程序员如何获取验证的结果呢?验证控件如何提示显示信息呢?这些都可以通过 RequiredFieldValidator 的属性解决,其常用属性如表 2-7 所示。

表 2-7 RequiredFieldValidator 控件属性

属 性	说 明
ControlToValidate	要验证控件的 ID
Text	验证失败时验证控件显示的文本
IsValid	是否验证成功,True 或者 False

给 ControlToValidate 设置值 txtName,Text 属性设置"没有填用户名",页面代码如下:

```
<form id="form1" runat="server">
    <div>
        <asp: Label ID="Label1" runat="server" Text="用户名:"></asp: Label>
        <asp: TextBox ID="txtName" runat="server"></asp: TextBox>
        <asp: RequiredFieldValidator ID="rfvName" runat="server"
            ControlToValidate="txtName">没有填用户名</asp: RequiredFieldValidator>
        <br/>
        <asp: Button ID="btnSubmit" runat="server" onclick="btnSubmit_Click"
            Text="提交"/>
        <br/>
        <asp: Label ID="lblResult" runat="server" Text="Label"></asp: Label>
    </div>
</form>
```

然后双击按钮,添加如下代码:

```
protected void btnSubmit_Click(object sender,EventArgs e)
{
    if (rfvName.IsValid)
    {
        this.lblResult.Text =" Hello "+this.txtName.Text;
    }
}
```

运行 Web 窗体 RequiredFieldValidator .aspx,不输入用户名,单击"提交"按钮,结果如图 2-14 所示。

RequiredFieldValidator 控件主要用到了 ControlToValidate、Text、IsValid 3 个属性。

图 2-14 RequiredFieldValidator 验证结果

2.3.2 CompareValidator

CompareValidator 控件是一个用于比较验证的控件,同样它也要通过 ControlToValidator 属性指定要验证的控件 ID。比较可以分为类型比较和大小比较,类型比较如判断验证控件的值是否为 Integer 类型,支持的类型还包括 Double 类型、Currency 类型、Date 类型等,通过设置控件的 Type 属性可以确定比较的类型(另需设置 Operator 属性为 DataTypeCheck)。大小比较需要有两个值,一个是要验证的控件的值,另一个可以是其他控件(通过 ControlToCompare 属性指定)或者是一个常量(通过 ValueToCompare 属性指定),比较的值的类型由 Type 属性确定,比较符由 Operator 属性确定,支持小于、大于、等于、大于等于及其他多种比较符。

图 2-15 CompareValidator.aspx 设计视图

添加一个 Web 窗体 CompareValidator.aspx,设计一个输入工程编号、开始日期、完工日期的窗体,设计界面如图 2-15 所示。

页面代码如下:

```
<form id="form1" runat="server">
    <div>
        工程编号:<asp: TextBox ID="txtProjectID" runat="server"></asp: TextBox>
        <asp: CompareValidator ID="cvProjectID" runat="server"
            ControlToValidate="txtProjectID" ErrorMessage="CompareValidator"
            Operator="DataTypeCheck"Type="Integer">输入数字</asp: CompareValidator>
        <br/>
        开始日期:<asp: TextBox ID="txtStart" runat="server"></asp: TextBox>
        <asp: CompareValidator ID="cvStart" runat="server" ControlToValidate=
            "txtStart"
            ErrorMessage="CompareValidator" Operator="DataTypeCheck" Type ="Date">
            输入日期</asp: CompareValidator>
        <br/>
        完工日期:<asp: TextBox ID="txtEnd" runat="server"></asp: TextBox>
        <asp: CompareValidator ID ="cvEnd" runat ="server" ControlToCompare =
            "txtStart"
            ControlToValidate="txtEnd" ErrorMessage="CompareValidator"
            Operator="GreaterThan" Type="Date">大于开始日期</asp: CompareValidator>
        <br/>
        <asp: Button ID="btnSubmit" runat="server" Text="提交"/>
        <br/>
        <asp: Label ID="lblResult" runat="server" Text="Label"></asp: Label>
    </div>
</form>
```

请读者首先阅读页面代码来判断设计视图中各个控件分别设置了哪些属性值，然后双击"提交"按钮，添加如下代码：

```
protected void btnSubmit_Click(object sender,EventArgs e)
   {
        if (cvProjectID.IsValid && cvStart.IsValid && cvEnd.IsValid)
        {
            this.lblResult. Text = this.txtProjectID.Text + ": " + this.txtStart.
            Text+": "+this.txtEnd.Text;
        }
   }
```

浏览窗体 CompareValidator.aspx，故意输入错误的值，如图 2-16 所示。

图 2-16　CompareValidator.aspx 运行结果

2.3.3　RangeValidator

RangeValidator 控件用来检查被检验控件值的范围，即该值是否介于最大值和最小值之间，值的类型包括 Double 类型、Currency 类型、Date 类型、Integer 类型和 String 类型。RangeValidator 控件的重要属性除了 ControlToValidate、Text、Type、IsValid 外，还增加了 MaximumValue（最大值）和 MinimumValue（最小值）。下面一个例子用来检查文本框中年龄值的范围，如图 2-17 所示。

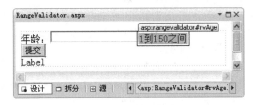

图 2-17　RangeValidator 设计视图

页面代码如下：

```
<form id="form1" runat="server">
    年龄:<asp: TextBox ID="txtAge" runat="server"></asp: TextBox>
    <asp: RangeValidator ID="rvAge" runat="server" ControlToValidate="txtAge"
        ErrorMessage="RangeValidator" MaximumValue="150" MinimumValue="1"
        Type="Integer">1~150 之间</asp: RangeValidator>
```

```
            <br/>
            <asp: Button ID="btnSubmit" runat="server" Text="提交"/>
            <br/>
            <asp: Label ID="lblResult" runat="server" Text="Label"></asp: Label>
        </form>
```

请读者阅读代码判断属性的设置情况,界面设计完后双击"提交"按钮,在代码视图中编写代码,btnSubmit 方法的代码如下:

```
protected void btnSubmit_Click(object sender,EventArgs e)
    {
        if (this.rvAge.IsValid)
        {
            this.lblResult.Text=this.txtAge.Text;
        }
    }
```

2.3.4 RegularExpressionValidator

RequiredFieldValidator、CompareValdator、RangeValidator 是最常用的检验控件,但很多有特殊要求的检验无法通过这 3 个控件完成,如身份证号码是 18 位数字,手机号码是 11 位数字。RegularExpressionValidator 支持正则表达式检验,正则表达式是一种特殊的字符串,这个字符串包含一些特殊含义的字符,可以做字符串的模式匹配。正则表达式的语法如表 2-8 所示(只列出最常用的语法)。

表 2-8 常用正则表达式语法

属 性	说 明
.	匹配除换行之外的任何单个字符,如 a.c 匹配 abc 或者 adc 或者 awc
[ ]	匹配方括号中的单个字符,如[abc]匹配 a 或者 b 或者 c,[a-z]匹配任何一个小写字母
[^]	任何一个不包括在[ ]中的字符,如[^a-z]匹配任何一个非小写字母
*	匹配前面的元素零次或者多次,如 ab*c 匹配 abc,abbc,abbbc
( )	表示一个子串,如 a(ab)*匹配 a,aab,aabab,aababab
{n,m}	匹配前面的元素最少 n 次,但不超过 m 次,如 a{1,3}配 a,aa,aaa,不匹配 aaaa
x|y	匹配 x 或者 y,如 a|b 匹配 a 或者 b

RegularExpressionValidator 所需设置的主要属性是 Text、ControlToValidate、ValidationExpression。ValidationExpression 属性用来设置正则表达式,ControlToValidate 用来设置要检验的控件,Text 用来设置验证失败时的提示信息,控件 ID 的前缀为 rev。下面通过举例说明正则表达式的用法(请读者先阅读上表中的说明),例如,手机号码是 11 位数字,那么正则表达式为[0-9]{11},[0-9]表示任意一个数字字符,{11}

表示重复11次。QQ邮箱的正则表达式为[0-9]{6,11}@qq[.]com,[0-9]{6,11}表示QQ的账号是6~11位数字,@qq是固定字符,[.]是表示字符,因为在正则表达式中.表示任意字符,因此表示.字符时使用了[.]表示任何一个属于字符集"[.]"的字符。例子设计界面如图2-18所示。

页面源代码如下：

```
<form id="form1" runat="server">
    <div>
        手机号码:<asp: TextBox ID="txtPhone" runat="server"></asp: TextBox>
        <asp: RegularExpressionValidator ID="revPhone" runat="server"
            ControlToValidate="txtPhone" ErrorMessage="RegularExpressionValidator"
            ValidationExpression="[0-9]{11}">11位数字</asp: RegularExpression-
            Validator>
        <br/>
        QQ 邮箱:<asp: TextBox ID="txtEmail" runat="server"></asp: TextBox>
        <asp: RegularExpressionValidator ID="revEmail" runat="server"
            ControlToValidate="txtEmail" ErrorMessage="RegularExpressionValidator"
            ValidationExpression="[0-9]{6,11}@qq[.]com">QQE-mail格式
        </asp: RegularExpressionValidator>
    </div>
</form>
```

测试结果如图2-19所示。

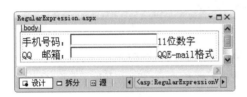

图2-18　RegularExpression设计视图

图2-19　正则表达式测试结果

2.3.5　ValidationSummary

ValidationSummary控件可以汇总Web窗体中各种验证控件所生成的错误信息的汇总,为了让读者容易学习,在上面介绍的所有验证控件中都没有提到一个属性ErrorMessage,ValidationSummary控件可以把窗体中所有ErrorMessage属性的值汇总起来,而不需要在ValidationSummary控件上做任何设置,看如图2-20所示例子。

页面的设计代码如下：

```
<form id="form1" runat="server">
```

```
<div>
    用户名:<asp: TextBox ID="txtName" runat="server"></asp: TextBox>
    <asp: RequiredFieldValidator ID="rfvName" runat="server"
        ControlToValidate="txtName" ErrorMessage="用户名不能为空">不能为空
    </asp: RequiredFieldValidator>
    <br/>
    年 龄:<asp: TextBox ID="txtAge" runat="server"></asp: TextBox>
    <asp: RangeValidator ID="rvAge" runat="server" ControlToValidate="txtAge"
        ErrorMessage="年龄 1~150 岁之间" MaximumValue="150" MinimumValue=
        "1" Type="Integer">数字 1~150</asp: RangeValidator>
    <br/>
    <br/>
    <asp: Button ID="btnSubmit" runat="server" onclick="btnSubmit_Click"
    Text="提交"/>
    <br/>
    <asp: Label ID="lblResult" runat="server"></asp: Label>
    <asp: ValidationSummary ID="vs" runat="server"/>
</div>
</form>
```

执行效果如图 2-21 所示。

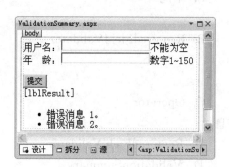

图 2-20　ValidationSummary 设计视图

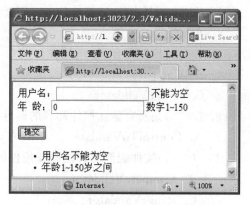

图 2-21　ValidationSummary 测试结果

2.4　本章小结

Web 服务器控件的 runat 属性值为 server。

大部分 Web 服务器控件都有 Text 属性。

DropDownList 控件的项主要有 Text 和 Value 两个属性。

用代码改变 RadioButton 组的选中状态时，要分别设置组内所有 RadioButton 的 Checked 属性。

所有验证控件都需要设置 ControlToValidate 属性。

ValidationSummar 只汇总验证控件的 ErrorMessage 属性值。

2.5 本章习题

2.5.1 理论练习

1. 下面（　　）是 Web 服务器控件标记中必须有的。
   A. runat=server　　　B. URL　　　C. Text　　　D. Input
2. Button 控件最常用的事件是（　　）。
   A. Click　　　　　　　　　　　　B. Page_Load
3. 设置一个 RadioButton 控件为选中，需要设置 Checked 控件值为（　　）。
   A. True　　　　　　　　　　　　B. False
4. DropDownList 控件的项目索引编号从（　　）开始。
   A. 0　　　　　B. 1　　　　　C. −1　　　　　D. 2
5. Image 控件的（　　）属性设置图片的路径和文件名。
   A. ImageUrl　　　　　　　　　　B. ID
6. RequiredFieldValidator 控件（　　）检查文本框的值是否更改。
   A. 能　　　　　　　　　　　　　B. 不能
7. CompareValidator 控件（　　）对 Sring 值进行比较。
   A. 能　　　　　　　　　　　　　B. 不能
8. （　　）控件没有 Type 属性。
   A. CompareValidator　　　　　　B. RequiredFieldValidator
   C. RangeValidator
9. （　　）是所有验证控件都有的属性。
   A. ControlToValidate　　B. Type　　C. Operator
10. （　　）控件能汇总其他验证控件的错误信息。
    A. CompareValidator　　　　　　B. RequiredFieldValidator
    C. RangeValidator　　　　　　　D. ValidationSummary

2.5.2 实践操作

请读者自己找一个主题设计一个 Web 页面，使该页面包含本书提及的所有标准控件和验证控件。

第3章　C♯语言与面向对象编程

本章任务
（1）熟练使用 C♯ 数据类型、变量、方法。
（2）熟练使用程序流程控制语句。
（3）创建 People 类。

3.1 变量与常量

3.1.1 变量

CPU、内存、外存是计算机的重要组成部分，如图片、程序安装文件、视频文件都要保存在外存（硬盘、U 盘）中，但是执行程序必须把程序加载到内存中，因为 CPU 只能读取内存中的程序指令和数据。一个变量和内存中的一个区域对应，这个内存区域只能存放数据不能存放指令，区域的大小和数据的类型有关，如 int 类型的变量和一个 4B 的内存区域对应。

C♯语言中变量按如下方式声明：

数据类型 变量名称；

下面代码声明了整型变量。

```
int a;
int b=20;
```

即声明变量可以给变量赋初值，也可以不赋初值。常用基本数据类型如表 3-1 所示。

表 3-1　常用基本数据类型

数据类型	说　　明	变　量　声　明
int	有符号 32 位整数	int a=32;
string	字符串	string a="hello";注：值需要用双引号
bool	布尔型，值为 True 或者 False	bool a=True;
char	一个字符	char a='a';注：值需要用单引号
float	32 位浮点数	float a=4.5F;
double	64 位浮点数	double a=3.331D;

续表

数据类型	说明	变量声明
decimal	128位浮点数	decimal a=56.001M
byte	无符号8位整数	byte a=78;
long	有符号64位整数	long a=72;
short	有符号的16位整数	short a=87;

3.1.2 常量

常量以 const 关键字声明，格式如下：

const 数据类型 常量名称=常量值；

例如：

const int ww=1;

3.1.3 数据类型转换

在很多时候需要在各种基本数据类型之间进行转换，如把 int 型转换成 string。.NET 提供了 Convert 类进行任意数据类型的转换。新建一个网站，添加新项 Variable.aspx，在 Page_Load 方法中输入如下代码：

```
using System;
using System.Collections.Generic;
using System.Linq;
using System.Web;
using System.Web.UI;
using System.Web.UI.WebControls;
public partial class Variable : System.Web.UI.Page
{
    protected void Page_Load(object sender,EventArgs e)
    {
        int a=55;
        string c="hello";
        c=Convert.ToString(a);
        Response.Write(c);
    }
}
```

上面代码中用 Convert 类的 toString() 方法把 int 型转换为 string 类型。用 Page_Load 方法输入 Convert 时，Visual Studio 2010 自动提示很多可以用来数据类型转换的方法，如图 3-1 所示。

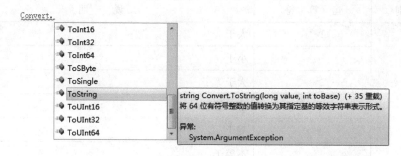

图 3-1　Convert 的方法

当鼠标移到 Convert 类上时，Visual Studio 2010 提示如图 3-2 所示。

提示信息为"class System. Convert"，即 Convert 类属于命名空间 System。命名空间是.NET 提供程序代码容器的一种方式，所有 C♯ 类都位于一个命名空间，一个命名空间中有很多类。System 就是一个命令空间，要使用 System 命令空间的类就需要引用这个命名空间，代码如下：

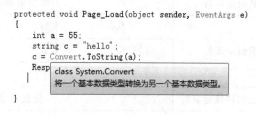

图 3-2　Convert 类

```
using System;
```

如果将 Variable.aspx 页面程序代码中的 Using System 删除，Convert 类将无法使用。

3.2　运算符

运算符分为算术运算符、比较运算符、三元运算符、赋值运算符、逻辑运算符、强制转换运算符和成员访问运算符，详细如表 3-2 所示。

表 3-2　运算符

类　　别	运　算　符	说　　明
算术运算符	＋	加
	－	减
	＊	乘
	／	除
	％	求余

续表

类别	运算符	说明
比较运算符	>	大于
	<	小于
	>=	大于等于
	<=	小于等于
	==	等于
	!=	不等于
三元运算符	?:	表达式？操作数 1：操作数 2 注：当表达式为真时运算结果为操作数 1，否则为操作数 2
赋值运算符	=	给变量赋值
逻辑运算符	&&	与
	||	或
	!	非
强制转换运算符	( )	(数据类型)操作数
成员访问运算符	.	访问对象的成员，如 c=Convert.ToString(a);

3.3 数组

数组是相同数据类型的元素按一定顺序排列的集合，就是把有限个类型相同的变量用一个名字命名，然后用编号区分它们的变量的集合，这个名字称为数组名，编号称为下标。组成数组的各个变量称为数组的分量，也称为数组的元素，有时也称为下标变量[①]。

C♯中数组的声明如下：

数据类型[ ] 变量名

注意：不能在声明时往方括号中填数字，如下代码声明了一个整型数组 a：

int[] a;
a=new int[3];
a[0]=1;
a[1]=2;
a[2]=3;
Response.Write(a[2].ToString());

如上所示，数组的下标从 0 开始，因此如果创建的数组具有 3 个元素，那么下标最大

---

① 百度百科：数组, http://baike.baidu.com/view/209670.htm?fr=aladdin。

为 2。数组有个 Length 属性可以返回数组元素的数量,代码如下:

```
Response.Write(a.Length.ToString());
```

Length 属性返回一个整型值,用 Response 的 Write 方法输出要先用 ToString 方法转换成字符串。还可以定义其他类型的数组。

```
string[] b;
b=new string[3];
float[] c;
c=new float[3];
```

数组在声明时也可以赋初值,代码如下:

```
int[] d=new int[] {1,2,3};
string[] arrayString=new string[] {"hh","oo","ww"};
```

3.4 方法

方法也可称为函数,是为完成某一特定功能的一些语句的组合,格式如下:

返回数据类型 方法名(数据类型 参数 1,数据类型 参数 2,…)
{
    方法体的语句
}

方法的参数个数可以是零个,也可以是多个。如果方法执行没有返回值,那么返回数据类型为 void;如果方法有数据返回,那么数据的类型和返回数据类型一致,并且在方法体中用 return 关键字返回值。

1. 没有返回值的方法

```
protected void Page_Load(object sender,EventArgs e)
    {

    }
```

这个方法有 2 个参数,没有返回值,protected 是访问修饰符,表示这个方法的访问范围是包含这个方法的类或从该类派生的类型。

2. 有返回值的方法

```
int Add(int number1,int number2)
    {
        return number1+number2;
    }
```

3. 没有参数的方法

```
void HelloWord()
    {
        Response.Write("HelloWord");
    }
```

3.5 程序控制语句

3.5.1 选择语句

选择语句是根据一个表达式的值(true 或者 false)从两个或多个可能被执行的语句中选择要执行的语句。选择语句包括 if 语句和 switch 语句。

1. if 语句

if 语句根据表达式的值从两个可能被执行的语句中选择要执行的语句。语法如下：

```
if(表达式)
    语句 1
else
    语句 2
```

若表达式的值为 true,则执行语句 1；若表达式的值为 false,则执行语句 2。在实际编写程序时使用如下格式：

```
if(表达式)
    {
        语句 1
        语句 2
        ⋮
    }
else
    {
        语句 1
        语句 2
        ⋮
    }
```

使用{ }可以使代码可读性更高,在{ }中也可以放多条语句。新建 Web 窗体 IfExample.aspx,页面代码如下：

```
<body>
    <form id="form1" runat="server">
```

```
<div>
    <asp: TextBox ID="txtSex" runat="server"></asp: TextBox>
    <asp: Button ID="btnRun" runat="server" onclick="Button1_Click" Text="
    运行"/>
</div>
</form>
</body>
```

btnRun 按钮的单击事件关联方法 Button1_Click 代码如下：

```
protected void Button1_Click(object sender,EventArgs e)
    {
        string sex =this.txtSex.Text;
        if (sex =="男")
        {
            Response.Write("先生好!!");
        }
        else
        {
            Response.Write("女士好!!");
        }
    }
```

程序运行效果如图 3-3 所示。

图 3-3　if 语句应用

2. switch 语句

switch 语句根据表达式的值从多个可能被执行的语句中选择要执行的语句，需要把一个表达式与多个不同的值进行比较，然后根据不同的比较结果执行不同的程序段。

```
switch(表达式)
{
    case 表达式：语句 1;break;
    case 表达式：语句 2;break;
    case 表达式：语句 3;break;
    ⋮
    default: 语句 n;break;
}
```

程序执行时先计算 switch 语句括号内表达式的值，再与 case 语句中表达式的值进行比较，当 switch 语句表达式和某个 case 语句表达式值相等时，则执行这个 case 语句后的语句，当执行遇到 break 语句时跳出 switch 语句。

新建一个 Web 窗体 SwitchExample. aspx，添加一个 DropDownList 控件，并设置 AutoPostBack 属性为 true。如果 AutoPostBack 属性值为 true，则当 DropDownList 控件值更改时该控件立即和服务器进行交互，即可以执行服务器端代码了；如果 AutoPostBack 属性值为 false，则不会和服务器进行交互。具体页面代码如下：

```
<body>
    <form id="form1" runat="server">
    <div>
        <asp: DropDownList ID="ddlScore" runat="server" AutoPostBack="true"
            onselectedindexchanged="ddlScore_SelectedIndexChanged">
            <asp: ListItem>第一名</asp: ListItem>
            <asp: ListItem>第二名</asp: ListItem>
            <asp: ListItem>第三名</asp: ListItem>
            <asp: ListItem>其他</asp: ListItem>
        </asp: DropDownList>
    </div>
    </form>
</body>
```

此处要求 DropDownList 控件的选中项改变时执行 ddlScore_SelectedIndexChanged 方法，因此要设置 AutoPostBack 属性为 true，程序代码如下：

```
protected void ddlScore_SelectedIndexChanged(object sender,EventArgs e)
    {
        string score=this.ddlScore.Text;
        switch (score)
        {
            case "第一名": Response.Write ("状元");
            break;
            case "第二名": Response.Write ("榜眼");
            break;
            case "第三名": Response.Write ("探花");
            break;
            default: Response.Write("进士"); break;
        }
    }
```

程序运行效果如图 3-4 所示。

图 3-4 Switch 语句应用

3.5.2 循环语句

在实际问题中有许多具有规律性的重复操作，因此在程序中就需要重复执行某些语句。一组被重复执行的语句称为循环体，能否继续重复执行取决于循环的终止条件。C#提供了 while、do…while、for、foreach 4 种循环语句。

1. while 语句

while 语句的语法形式如下：

```
while(条件表达式)
    {
```

```
    语句 1;
    语句 2;
      ⋮
}
```

程序执行时先判断条件表达式,如果值为 true,则执行循环体的语句,执行完后,继续判断条件表达式的值,如果值为 true,则再执行循环体的语句,这样重复执行一直到条件表达式值为 false 时退出循环。假设条件表达式的值一直为 true,则该循环为死循环,程序将无法跳出循环体。下面设计一个方法应用 while 循环来计算 1~100 共 100 个整数的和。

```
void whileLoop()
    {
        int sum=0;
        int i=1;
        while (i<=100)
        {
            sum=sum+i;
            i=i+1;
        }
        Response.Write(sum.ToString());
        Response.Write("<br/>");
    }
```

2. do…while 循环

do…while 循环的的语法格式如下:

```
do
{
   语句 1;
   语句 2;
     ⋮
}while(条件表达式);
```

程序执行时先执行循环体内的语句,然后判断条件表达式,如果条件表达式的值为 true,则再执行循环体内的语句,如此反复执行直到条件表达式的值为 false,然后退出循环。do…while 循环先执行语句然后判断条件,因此 do…while 循环至少执行一次循环体内的语句。下面设计一个方法应用 do…while 循环来计算 1~100 共 100 个整数的和。

```
void doWhileLoop()
    {
        int sum=0;
        int i=1;
        do
        {
            sum=sum+i;
```

```
            i=i+1;
        }
        while (i<=100);
        Response.Write(sum.ToString());
        Response.Write("<br/>");
    }
```

3. for 循环

for 循环语法格式如下：

```
for(表达式 1;表达式 2;表达式 3)
{
    语句 1;
    语句 2;
    …
}
```

for 语句开始执行时先计算表达式 1 的值,再计算表达式 2 的值,如果表达式 2 的值为 true 则执行循环体的语句；如果表达式 2 的值为假,则退出循环。每执行一次循环体语句后计算表达式 3 的值,然后再算表达式 2 的值,如果表达式 2 的值为 true 则继续执行循环体的语句；如果表达式 2 的值为 false,则退出循环。从程序执行过程可知表达式 1 的值只计算一次。下面设计一个方法应用 for 循环来计算 1～100 共 100 个整数的和。

```
void forLoop()
{
    int sum=0;
    for (int i=1; i<=100; i++)
    {
        sum=sum+i;
    }
    Response.Write(sum.ToString());
    Response.Write("<br/>");
}
```

新建一个 Web 窗体 LoopExample.aspx,上面 3 个方法代码添加到 LoopExample 类中,然后在 Page_Load 方法中编写如下代码：

```
protected void Page_Load(object sender,EventArgs e)
{
    whileLoop();
    doWhileLoop();
    forLoop();
}
```

浏览 LoopExample.aspx，如图 3-5 所示。

4. foreach 语句

foreach 语句语法格式如下：

```
foreach(数据类型 变量名 in 表达式)
{
    语句 1;
    语句 2;
    ⋮
}
```

foreach 语句为数组或集合中的每个元素重复执行语句。for 循环必须事先知道循环的次数，而 foreach 语句不用预先知道循环的次数，如创建一个方法用 foreach 语句来遍历一个字符串数组中的元素。

```
void foreachLoop()
    {
        string[] names=new string[]
        {
            "成龙",
            "李连杰",
            "周星驰"
        };
        foreach (string name in names)
        {
            Response.Write(name);
            Response.Write("<br/>");
        }
    }
```

在 LoopExample.aspx 的 Page_Load 方法调用 foreachLoop 方法，执行结果如图 3-6 所示。

图 3-5　3 个方法执行结果

图 3-6　应用 foreach 循环

3.5.3 跳转语句

跳转语句包括 break 语句和 continue 语句。

1. break 语句

break 语句的作用是跳出包含它的 switch、while、do…while、for、foreach 语句。如用以下方法来计算 1～100 共 100 个整数的和。

```
void breakExample()
{
    int sum=0;
    for (int i=1; i<1000; i++)
    {
        sum=sum+i;
        if (i==100)
        {
            break;
        }
    }
    Response.Write(sum.ToString());
    Response.Write("<br/>");
}
```

如上代码 for 循环本可以执行 999 次,但当执行 100 次时执行了 break 语句,导致程序退出 for 循环。

2. continue 语句

continue 语句用于结束本次循环,但不退出循环,而是继续下一次循环。如用以下方法来计算 1+3+5 的值。

```
void continueExample()
{
    int sum=0;
    for (int i=1; i<=6; i++)
    {
        if (i%2==0)
        {
            continue;
        }
        sum=sum+i;
    }
}
```

```
            Response.Write(sum.ToString());
            Response.Write("<br/>");
        }
```

如上代码,当程序执行到 continue 语句时,就退出本次循环,即不执行"sum=sum+i;"语句,然后继续下一次循环。

3.6 对象和类

C♯是面向对象的编程语言,在C♯中一切都是对象。面向对象编程允许程序员在编程时既定义数据元素,又可以对数据元素进行操作,即对象是包含数据和操作的实体。在现实生活中人就是一个对象,年龄、身高、体重、肤色是人的属性(数据),走、跑、跳是人的行为(操作)。要用程序来模拟这些对象,就要使用C♯中名为类的结构。类是对一组具有相同属性和行为的对象的描述,对象根据类创建,类由一些变量和方法组成,除了静态变量和方法,不能直接通过类名来访问变量和方法,根据类创建的对象能访问修饰符是public的变量和方法。

3.6.1 创建类和对象

类的内容为类的成员,声明类的语法如下:

```
访问修饰符 class<类名>
{
    类的的内容
}
```

在网站中添加新项,选择添加"类"People.cs,如图 3-7 所示。

```
using System;
using System.Collections.Generic;
using System.Linq;
using System.Web;
///<summary>
///People 的摘要说明
///</summary>
public class People
{
    public People()
    {
        //
        //TODO:在此处添加构造函数逻辑
        //
    }
}
```

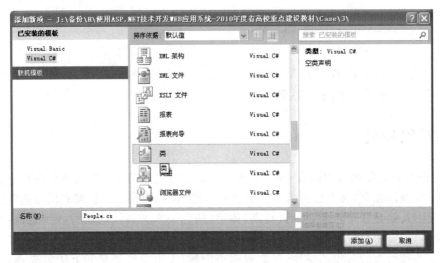

图 3-7 添加类

上面代码创建了一个 People 类,Public 是访问修饰符,表示这个类可以被所有成员访问,People()是类的方法。类的访问修饰符说明如表 3-3 所示。

表 3-3 访问修饰符

访问修饰符	说 明
public	可以被所有成员访问,包括所属类的和不所属类的成员
internal	可以被同一个程序集的成员访问
protected	可被所属类或者派生自所属类的成员访问
private	只有所属类的成员才可以访问

表 3-3 中所属类成员是指和被修饰的成员属于同一个类的成员。如果对类不指定访问修饰符,则类的默认访问修饰符为 internal,但是类成员的默认访问修饰符为 private。

类的成员可以是变量也可以是方法,下面在 People 类中添加年龄(age)、身高(hight)、体重(weight)、肤色(color)等成员变量,添加跑(Run)方法。在 C♯ 中,age、hight、weight 等成员变量也称为字段变量。

```
public class People
{
    int age;
    float weight;
    float hight;
    string color;
    public People()
    {

    }
```

```
public void Run()
{

}
}
```

添加一个 Web 窗体 ClassExample.aspx，在 Page_Load 方法中创建 People 对象。通过 new 关键字创建了 people 对象，如图 3-8 所示。

```
People people=new People();
```

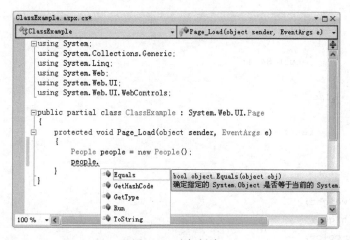

图 3-8 对象创建

通过"."成员访问符看到系统只提示可以访问 Run 方法，没有提示可以访问 age 等成员变量，因为在类的内部不指定访问修饰符默认是 private。对于 private 变量，在类的外面是不能访问的。Run 方法的访问修饰符为 public，因此可以在类的外部进行访问。

在 C♯ 中数据类型分为值类型和引用类型。值类型的数据存储在内存的堆栈中，从堆栈中可以快速访问这些数据，即值类型表示实际数据，把值存放在内存中。引用类型表示指向存储在内存堆中的数据的引用，即引用类型的内存中存放的是引用，对象存放在内存堆中。类属于引用类型，其他引用类型还有接口、数组、字符串。大部分基本数据类型（int、char 等）都是值类型。

3.6.2 属性

如果把上面代码的成员变量设置访问修饰符 public，那么在类的外部可以访问这个成员变量，但这样做很不安全，C♯ 推荐使用属性进行读取和写入，以此来提供对类中成员变量的保护。

```
public class People
{
    int age;
```

```
        public int Age
        {
            set
            {
                if(value>0 && value<120)
                {
                    this.age=value;
                }
            }
            get
            {
                if (this.age ==0)
                {
                    return 8484;
                }
                else
                {
                    return age;
                }
            }
        }
        float weight;
        float hight;
        string color;
        public People()
        {
        }
        public void Run()
        {
        }
}
```

上面代码增加了一个属性 Age,注意 age 是成员变量,Age 是属性并且它的访问修饰符为 public。属性有两个访问器 Set 和 Get。Set 访问器在给属性赋值时调用,Get 访问器在从属性取值时调用。在 Set 和 Get 访问器代码可见存储数据的还是成员变量 age,value 是内置参数,用来接收外部赋给属性的值。访问器中代码对 age 的值进行了限制,提高了对 age 变量的访问安全性。

在 ClassExample.aspx 的 Page_Load 方法中添加如下代码:

```
protected void Page_Load(object sender,EventArgs e)
    {
        People people=new People();
        people.Age=-1;
        Response.Write(people.Age);
    }
```

给属性赋值-1,然后输出属性的值,浏览页面得到的结果如图3-9所示。

从运行结果看,-1并没有成功赋值给属性,因为Set访问器对赋值做了限制。

图3-9 属性应用

3.6.3 构造方法和析构方法

1. 构造方法

在上面类People中有个方法代码如下:

```
public People()
    {
    }
```

这个方法的方法名和类名一致,并且没有返回数据类型,这就是People类的构造方法,每次创建类的实例时都会调用这个方法,因此构造方法常用来初始化变量。下面通过修改类的构造方法来初始化age成员变量。

```
public People(int peopleAge)
    {
        this.Age=peopleAge;
    }
```

在ClassExample.aspx的Page_Load方法中修改代码。

```
protected void Page_Load(object sender,EventArgs e)
    {
        People people=new People(121);
        people.Age=-1;
        Response.Write(people.Age);
    }
```

由于构造方法中增加了一个参数,因此在创建对象时也要输入一个参数,代码如下:

```
People people=new People(121);
```

2. 析构方法

析构方法是C#提供的另一种特殊方法,用于执行清除操作。析构方法的声明语法如下:

```
~类名()
{
    //语句
}
```

给 People 类添加析构方法如下：

~People()
    {

    }

注意：析构方法不能有重载方法，不能手动或者显示调用，只能由垃圾回收器自动调用。

3.6.4　方法重载

方法重载是指类中有多个方法的方法名是一样的，但方法的参数个数或者参数的类型不一样，方法重载在 C♯ 中使用十分广泛。在 People 类中增加 2 个 Run 方法，代码如下：

public void Run()
    {
    }
    public void Run(string direction)
    {
    }
    public void Run(int distance)
    {
    }

在 ClassExample.aspx 的 Page_Load 方法中调用 Run 方法，结果如图 3-10 所示。

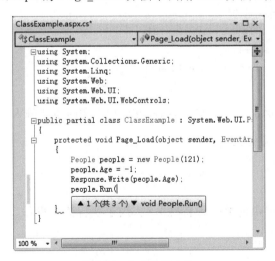

图 3-10　3 个重载方法

从图 3-10 中可以看出系统提示 Run 方法有 3 个重载。

3.7 本章小结

.NET 提供了 Convert 类进行任意基本数据类型的转换。

运算符分为算术运算符、比较运算符、三元运算符、赋值运算符、逻辑运算符、强制运算符和成员访问运算符。

数组是相同数据类型的元素按一定顺序排列的集合,就是把有限个类型相同的变量用一个名字命名,然后用编号区分它们的变量的集合,这个名字称为数组名,编号称为下标。

方法也可称为函数,是为完成某一特定功能的一些语句的组合。

选择语句是根据一个表达式的值(true 或者 false)从两个或多个可能被执行的语句中选择要执行的语句。选择语句包括 if 语句和 switch 语句。

break 语句的作用是跳出包含它的 switch、while、do…while、for、foreach 语句。

类是对一组具有相同属性和行为的对象的描述,对象根据类创建,类由一些变量和方法组成。

方法重载是指类中有多个方法的方法名是一样的,但方法的参数个数或者参数的类型不一样。

3.8 本章习题

3.8.1 理论练习

1. 下面(　　)关键字用来申请常量。
   A. const　　　　　B. var　　　　　C. if　　　　　D. Input
2. 下面(　　)关键字用来对数组实例化。
   A. const　　　　　B. new　　　　　C. allocate　　　D. init
3. 下面(　　)不是布尔类型值。
   A. true　　　　　B. false　　　　C. NULL
4. 下面(　　)不是 int 类型值。
   A. 0　　　　　　　B. 1　　　　　　C. −1　　　　　D. 1.1
5. 数组的下标从(　　)开始。
   A. 0　　　　　　　B. 1　　　　　　C. −1　　　　　D. 2
6. 构造方法的访问修饰符是(　　)。
   A. public　　　　　　　　　　　　B. private
7. 析构方法(　　)显式调用。
   A. 能　　　　　　　B. 不能
8. C♯是否支持基于不同返回数据类型的方法重载?(　　)
   A. 支持　　　　　　B. 不支持　　　　C. 不确定

9. if 语句根据表达式的值从（　　）个可能被执行的语句中选择要执行的语句。

    A．1　　　　　　　　B．2　　　　　　　　C．2 个以上

10.（　　）语句可以跳出循环。

    A．break　　　　　　　　　　　　B．continue

    C．jump　　　　　　　　　　　　D．goto

3.8.2　实践操作

1．创建一个计算正方形周长的方法，并调用这个方法。

2．编写一个加法器类，定义两个同名的重载方法，一个方法可以计算两个整数的加法，另一个方法可以计算一个整数和一个实数的加法。

3．在 Web 页面上输出九九乘法表。

4．根据当前时间在页面上显示"早上好"或者"中午好"或者"晚上好"。

5．根据自己的理解完善 People 类。

第4章 Web页面的数据库访问技术

本章任务
(1) 理解 ADO.NET 数据库访问模型。
(2) 能编程实现对 SQL Server 数据库的增、删、改、查。
(3) 编写数据库操作的通用类 DataBase。

4.1 ADO.NET 数据库访问模型

ADO.NET 是.NET Framework 的重要组成部分，程序员可以通过 ADO.NET 来连接数据源（如 Access 数据库、SQL Server 数据库），并进行增加、删除、修改、查询操作。ADO.NET 访问数据库非常灵活，支持通过 SQL Server、ODBC、OLEDB 等数据提供程序访问数据库。本书只介绍通过 SQL Server 数据提供程序访问 SQL Server 数据库，并提供一种最常用的数据库访问方法来实现对数据库的增、删、改、查操作。图 4-1 是本书总结的 ADO.NET 数据库访问模型，掌握这个模型后去学习其他数据提供程序和其他数据库访问方法将会非常容易，因为思路和方法是基本一样的。

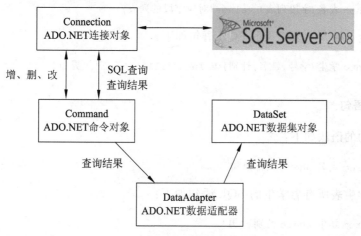

图 4-1 ADO.NET 数据库访问模型

要访问数据库首先要建立与数据库的连接（Connection 对象），ADO.NET 正是通过 Connection 对象和要访问的数据库建立连接的。对数据库的操作可分为两类，一类是增加、删除、修改操作，只是发送数据库操作命令，不需要返回数据；另一类是查询操作，需要从数据库返回数据。Connection 对象能够把操作命令传给数据库，但不能决定操作命令的具体内容。ADO.NET 通过 Command 对象来发送数据库操作命令，Command 对象发出的命令只能通过连接对象才能传送到数据库。对于增、删、改操作,只要 Command 对象和 Connection 对象配合使用即可完成,对于查询操作还需要把查询返回的数据传递给数据集对象(DataSet),由于从 Command 对象返回的数据不能直接发送给 DataSet,还需要数据适配器 DataAdapter 从 Command 读取数据然后填充到 DataSet 中。Connection、Command、DataSet、DataAdapter 是 ADO.NET 的核心对象。

SQL Server 数据提供程序(专门用来访问 SQL Server 数据库)的核心对象 SqlConnection、SqlCommand、SqlDataAdapter 位于 System.Data.SqlClient 命名空间中,DataSet 对象位于 System.Data 命名空间,如要使用,请先用 using 语句引用,代码如下:

```
using System.Data;
using System.Data.SqlClient;
```

本书仅介绍 SQL Server 数据提供程序涉及的核心对象。

4.1.1 SQL 语句

模型中的操作命令其实就是 SQL 语句,增、删、改操作分别使用 insert、delete、update 语句,查询操作使用 select 语句。下面介绍最常用的 SQL 语句。

1. 插入语句

插入语句的语法如下:

insert into 表名(字段列表) values(对应字段的列表)

如给学生表插入一条记录的 SQL 语句如下:

insert into 学生(学号,姓名,性别) values('1111','王三','男')

2. 删除语句

删除语句的语法如下:

delete from 表名 where 条件语句

如删除学生表所有男学生的 SQL 语句如下:

delete from 学生 where 性别='男'

3. 更新语句

更新语句的语法如下:

update 表名 set 字段=值,…[where 条件语句]

如修改姓名为"王三"学生的学号为 22222 的 SQL 语句如下:

update 学生 set 学号='22222' where 姓名='王三'

4. 查询语句

select 字段列表 from 表名 [where 条件语句]

如查询所有的男学生的 SQL 语句如下：

select * from 学生 where 性别='男'

上面是单表查询语句，在实际应用中多表查询也是很常用的，如查询王三选修的所有课程，这样就有了两个表。

学生(学号,姓名,性别)
选课表(学号,课程名)

SQL 语句如下：

select * from 学生,选课 where 学生.学号=选课.学号 and 姓名='王三'

4.1.2 SqlConnection 对象

SqlConnection 对象用来建立和某个数据库的连接，通过 SqlConnection 对象的连接字符串来设定 SqlConnection 对象是和哪个服务器的哪个数据库连接，登录数据库的用户名和密码分别是什么。连接字符串确定后，通过 SqlConnection 对象的 Open()方法来启动与数据库的连接，代码如下：

```
string connectionString=@"server=.\MARK;database=BookShop;uid=sa;pwd=123456";
    SqlConnection connection=new SqlConnection(connectionString);
    connection.Open();
```

连接字符串中有 server、database、uid、pwd 4 个键值对，每个键值对之间用";"分割，第二行代码是创建 SqlConneciton 对象，构造方法中传递了参数 connectionString(连接字符串)，第三行代码调用了 Open 方法来启动连接。连接字符串关键字的含义如表 4-1 所示。

表 4-1 连接字符串关键字的含义

属 性	说 明
server	需要连接的数据库服务器，本地机器可以用"."或者 IP 地址或者 local，如果是远程主机则使用 IP 地址，如果主机上装有多个 SQL Server 服务器则还要加标识，标识的名字可以在 Microsoft SQL Server Management Studio 中看到，如上面代码中标识为 MARK，因此 Server 要用 server=.\MARK
database	数据库服务器中具体数据库的名字
uid	用户名，这是采用 SQL Server 验证方式才需要的，如果是 Windows 身份验证则不需要
pwd	登录密码，这也是只有 SQL Server 验证方式才需要的

先创建一个 SQL Server 数据库,名字为 BookShop,把数据库的登录名 sa 的登录密码设为 123456,然后新建一网站,添加一个 Web 窗体,双击代码文件,编写如下代码:

```
protected void Page_Load(object sender,EventArgs e)
    {
        string connectionString=@"server=.\MARK;database=BookShop;uid=sa;pwd=123456";
        SqlConnection connection=new SqlConnection(connectionString);
        connection.Open();
    }
```

注意:变量 connectionString 后面的@表示""中的是字符串,里面没有转义字符。浏览这个页面,如果没有报错则表示连接数据库成功。读者可以故意把连接字符串中的\改成/,再运行,网页马上会报出错信息。

4.1.3 SqlCommand 对象

SqlCommand 对象通过 SqlConnection 对象来向数据库发送命令,因此创建 SqlCommand 前需要先创建 SQL 语句及已经打开的连接对象。假设 SQL 语句存放在 SQL 字符串变量中,已经创建的 SqlConnection 对象为 cnn,则创建 SqlCommand 对象的代码如下:

```
SqlCommand cmm=new SqlCommand(sql,cnn);
```

SqlCommand 通过 ExecuteNonQuery()方法来执行增、删、改类型的 SQL 语句。

4.1.4 DataSet 和 DataTable

DataSet 类位于 System.Data 命名空间,DataSet 对象可以看作是一个数据库,存放的是一些表的集合。DataSet 对象有一个重要属性 Tables,Tables 是一个集合属性,集合的元素为表 DataTable,要访问 DataSet 对象的第一个表可以用如下代码:

```
DataSet ds=new DataSet();
DataTable dt=ds.Tables[0];
```

上面代码第一行新建了 DataSet 对象,然后获取了 DataSet 对象的第一个表,如果知道表的名字(如 student)也可以通过代码 ds.Tables["student"]获取表。

DataTable 类也属于 System.Data 命名空间,它有一个重要属性 Rows,Rows 也是一个集合属性,集合的元素是表中的记录(DataRow),类似的要访问表中的第一行可以用如下代码:

```
ds.Tables[0].Rows[0]
```

其中 ds 是 DataSet 对象,如果要访问第一行的第一列,可以用如下代码:

```
ds.Tables[0].Rows[0][0]
```

如果知道具体列的名字(如 ID),可以用 ds. Tables[0]. Rows[0]["ID"],注意,ds. Tables[0]. Rows[0][0]返回的是 object 对象,而表中字段可能是字符串(如姓名),也可能是数字(如身高),因此要把 object 对象转换成字段的实际类型,如要转换成字符串可以用 ds. Tables[0]. Rows[0][0]. ToString()转换,要转换成其他基本数据类型需要用 Convert 类来转换,如要转换成整型可以用如下代码:

```
Convert.ToInt32(ds.Tables[0].Rows[0][0])
```

在 Visual Studio 中输入 Convert. 就会自动提示很多类型转换的方法,请读者自己实验。

4.1.5 SqlDataAdapter 对象

SqlCommand 也可以执行查询语句,如果需要把查询语句的返回记录集存放到 DataSet 对象就需要使用数据适配器 SqlDataAdapter 对象。要创建 SqlDataAdapter 首先要有已经创建好的 SqlCommand 对象,假设 SqlCommand 对象为 cmm,则创建 SqlDataAdapter 对象的代码如下:

```
SqlDataAdapter da=new SqlDataAdapter(cmm);
```

SqlDataAdapter 对象创建后,通过其 Fill 方法填充到 DataSet 对象中,假设 DataSet 对象为 ds,代码如下:

```
da.Fill(ds);
```

这样,DataSet 对象中就有数据了,数据填充到了 DataSet 对象中表集合中的第一张表。

4.2 ADO. NET 操作数据库

大部分 Web 应用系统具有用户管理模块,用户管理一般包括用户查询、用户信息修改、添加用户、删除用户等,本书将以用户管理为例介绍 ADO. NET 访问数据库的方法。在编写代码前先要往 BookShop 数据库中添加 User 表,表结构如图 4-2 所示。

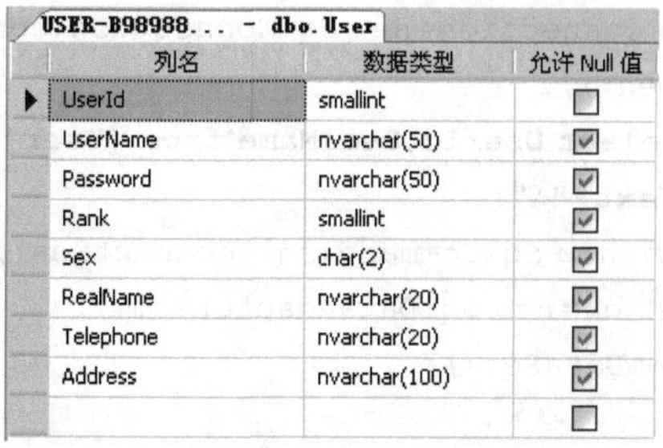
USER-B98988... - dbo.User

列名	数据类型	允许 Null 值
UserId	smallint	☐
UserName	nvarchar(50)	☑
Password	nvarchar(50)	☑
Rank	smallint	☑
Sex	char(2)	☑
RealName	nvarchar(20)	☑
Telephone	nvarchar(20)	☑
Address	nvarchar(100)	☑
		☐

图 4-2 User 表

4.2.1 从数据库中查询数据

从数据库中查询数据一般分为查询一条记录和查询多条记录,下面以用户查询为例分别介绍这两种情况的代码实现。

1. 单条记录查询与显示

添加一个 Web 窗体 SingleUserQuery.aspx,界面设计如图 4-3 所示。

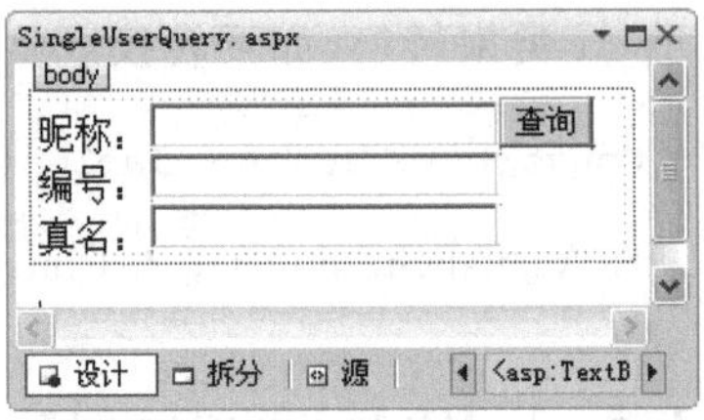

页面代码如下:

```
<form id="form1" runat="server">
    <div>
        昵称:<asp: TextBox ID="txtUserName" runat="server"></asp: TextBox>
        <asp: Button ID="btnQuery" runat="server" Text="查询"/>
        <br/>
        编号:<asp: TextBox ID="UserId" runat="server"></asp: TextBox>
        <br/>
        真名:<asp: TextBox ID="txtRealName" runat="server"></asp: TextBox>
    </div>
</form>
```

图 4-3　单条记录查询设计视图

运行效果是要在昵称文本框中输入用户名,单击"查询"按钮,显示这个用户的编号和真实姓名。双击"查询"按钮进入代码文件,首先添加命名空间的引用。

```
using System.Data;
using System.Data.SqlClient;
```

然后在查询按钮的单击事件代码中编写查询数据并把结果显示在界面的代码。

```
protected void btnQuery_Click(object sender,EventArgs e)
{
    string connectionString=@"server=.\MARK;database=BookShop;uid=sa;pwd=123456";
    SqlConnection connection=new SqlConnection(connectionString);
    connection.Open();
    string sql="select UserId,RealName from [User] where UserName='"+this.txtUserName.Text+"'";
    SqlCommand cmm=new SqlCommand(sql,connection);
    SqlDataAdapter da=new SqlDataAdapter(cmm);
    DataSet ds=new DataSet();
    da.Fill(ds);
    if(ds.Tables[0].Rows.Count>0)
    {
        this.txtUserId.Text=ds.Tables[0].Rows[0]["UserId"].ToString();
```

```
            this.txtRealName.Text=ds.Tables[0].Rows[0]["RealName"].ToString();
        }
        connection.Close();
    }
```

上述代码中通过 Fill 方法填充数据集 ds 后，使用了 ds.Tables[0].Rows.Count>0 来判断查询的结果是否有记录，Count 是集合 Rows 的计数，即表示 Rows 集合中记录的数量。由于本例中是把字段的值显示在界面的文本框中，因此不用考虑数据库中字段值的数据类型而直接通过 ToString()方法把 Object 对象转换成 String 类型。connection.Close()关闭了数据库连接，User 表名加了一个"[ ]"是因为数据库中有关键字 User，因此加"[ ]"表示是个表。浏览网页结果如图 4-4 所示。

图 4-4　单个用户查询结果

2. 多条记录查询与显示

添加一个 Web 窗体 MultilineUserQuery.aspx，在该页面显示所有用户的用户编号、昵称、性别、真实姓名、电话。为了方便显示用户的信息，需要从工具箱数据类中添加 GridView 控件到页面上。单击 GridView 控件右上角的＞按钮，然后单击"编辑列"出现了编辑字段的窗口。

GridView 控件是以表格的形式来显示数据，因此给 GridView 控件添加需要显示的字段，如要添加用户编号字段，先单击 BoundField，然后在属性设置中给表头文本 HeaderText 设置值为用户编号，数据绑定字段 DataField 为 UserId，注意 HeaderText 属性值是自定义的，DataField 字段的值与数据库中的字段名字是对应的，如图 4-5 所示。

同样分别给 GridView 控件添加昵称、性别、真实姓名、电话字段，如图 4-6 所示。

单击"确定"按钮，设计界面如图 4-7 所示。

页面代码如下：

```
<form id="form1" runat="server">
    <div>
        <asp:GridView ID="gvUser" runat="server" AutoGenerateColumns="False">
            <Columns>
                <asp:BoundField DataField="UserId" HeaderText="用户编号"/>
                <asp:BoundField DataField="UserName" HeaderText="昵称"/>
                <asp:BoundField DataField="Sex" HeaderText="性别"/>
                <asp:BoundField DataField="RealName" HeaderText="真实姓名"/>
                <asp:BoundField DataField="telephone" HeaderText="电话号码"/>
            </Columns>
        </asp:GridView>
    </div>
</form>
```

图 4-5 给 GridView 控件添加字段

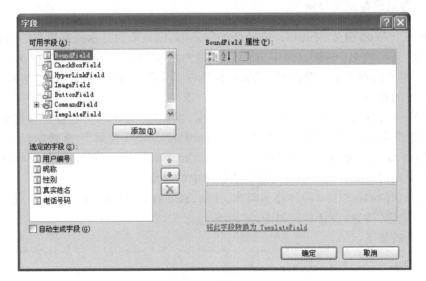

图 4-6 添加字段

图 4-7 设计界面

下面编写代码,当把 User 表中的数据填充到 DataSet 对象后,需要把 DataSet 对象第一张表的数据绑定到 GridView 控件的数据源属性(DataSource),然后调用 GridView 控件的数据绑定方法 DataBind()。GridView 控件的 ID 前缀为 gv,这里取名为 gvUser,具体代码如下:

```
using System;
using System.Collections.Generic;
using System.Linq;
using System.Web;
using System.Web.UI;
using System.Web.UI.WebControls;
using System.Data;
using System.Data.SqlClient;
public partial class MultilineUserQuery : System.Web.UI.Page
{
    protected void Page_Load(object sender,EventArgs e)
    {
        string connectionString=@"server=.\MARK;database=BookShop;uid=sa;pwd=123456";
        SqlConnection connection=new SqlConnection(connectionString);
        connection.Open();
        string sql="select * from [User]";
        SqlCommand cmm=new SqlCommand(sql,connection);
        SqlDataAdapter da=new SqlDataAdapter(cmm);
        DataSet ds=new DataSet();
        da.Fill(ds);
        this.gvUser.DataSource=ds.Tables[0];
        this.gvUser.DataBind();
        connection.Close();
    }
}
```

从代码可知,数据读取和显示是写在页面的 Page_Load 事件代码中的,这样页面运行时就会执行数据读取和显示代码,执行结果如图 4-8 所示。

4.2.2 修改数据库表中的数据

一般来说,要实现用户信息修改功能首先要把想要修改信息的用户信息查出来,然后用户在界面修改相关信息,最后把修改的信息保存到数据库中。在这里不需要新建 Web 窗体,可以在 SingleUserQuery.aspx 页面

图 4-8 多行查询显示结果

上增加一个修改按钮即可,如图 4-9 所示。

此处根据昵称来查询,并把数据显示在界面上,在修改时,一般编号是关键字,不允许修改。

双击"修改"按钮进入代码文件,在按钮单击事件代码中编写修改代码。

图 4-9　设计界面

```
protected void btnUpdate_Click(object sender,
EventArgs e)
    {
        string connectionString=@"server=.\
MARK;database=BookShop;uid=sa;pwd=123456";
        SqlConnection connection=new SqlConnection(connectionString);
        connection.Open();
        string sql="update [User] set UserName='"+this.txtUserName.Text+"',
RealName='"+this.txtRealName.Text+"' where UserId="+this.txtUserId.
Text;
        SqlCommand cmm=new SqlCommand(sql,connection);
        cmm.ExecuteNonQuery();
        connection.Close();
    }
```

从上面代码中可知,SQL 语句中有字符值要用引号引起来,如果 SQL 语句字符串还要加入变量就需要用多个字符串来拼凑,如果 SQL 语句中是数字类型的值就不用引号引起来。对增、删、改等操作型 SQL 语句的执行只要调用 SqlCommand 方法的 ExecuteNonQuery 方法就可以了。

浏览修改后的 SingleUserQuery.aspx 网页,输入昵称,单击"查询"按钮,显示如图 4-10 所示。

真名"马林"改成"哈哈",单击"修改"按钮,再单击"查询"按钮,修改结果如图 4-11 所示。

图 4-10　查询界面

图 4-11　修改结果

如图 4-11 所示,真名已经被修改,通过浏览数据库的 User 表也能得到验证。

4.2.3 往数据库表中添加一行数据

在本例中通过添加一个用户来介绍往数据库表中添加一行数据的方法，一般来说用户编号(UserId)是数据库在插入一行时自动生成的，因此界面上不需要输入用户编号，添加一个 Web 窗体 AddUser.aspx，设计界面如图 4-12 所示。

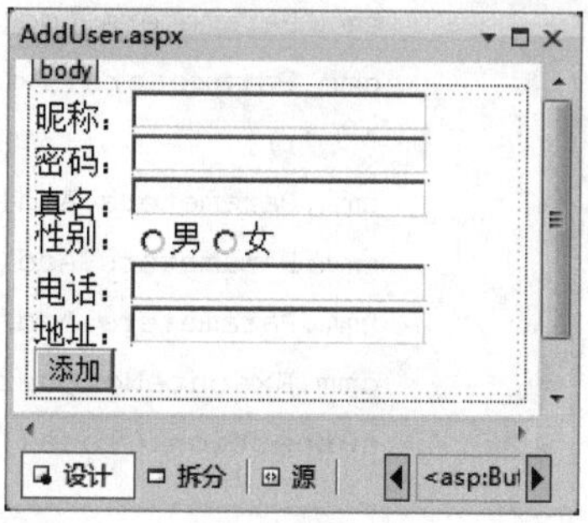

图 4-12 设计界面

具体的界面中各个控件的属性设置见如下页面代码。

```
<form id="form1" runat="server">
    <div>
        昵称:<asp: TextBox  ID =" txtUserName "
        runat="server"></asp: TextBox>
        <br/>
        密码:<asp: TextBox ID="txtPassword" runat="server"></asp: TextBox>
        <br/>
        真名:<asp: TextBox ID="txtRealName" runat="server"></asp: TextBox>
        <br/>
        性别:<asp: RadioButton ID="rdoMan" runat="server" GroupName="Sex"
            Text="男" Checked="True"/>
        <asp: RadioButton ID="rdoWomen" runat="server" GroupName="Sex" Text="女"/>
        <br/>
        电话:<asp: TextBox ID="txtPhone" runat="server"></asp: TextBox>
        <br/>
        地址:<asp: TextBox ID="txtAddress" runat="server"></asp: TextBox>
        <br/>
        <asp: Button ID="btnAdd" runat="server" Text="添加" onclick="btnAdd_
        Click"/>
    </div>
    </form>
```

往数据库表中添加一行数据和修改数据库表中的数据在代码实现时十分类似，主要的变化就是 SQL 语句中由 update 语句改成了 insert 语句。由于 insert 语句中涉及多个变量(如昵称、密码、电话等)，如果还是用字符串拼凑的办法，那么代码的可读性会非常差，因此此处将介绍一种使用命令参数的方法，代码如下：

```
protected void btnAdd_Click(object sender,EventArgs e)
    {
        string connectionString=@"server=.\MARK;database=BookShop;uid=sa;pwd=
       123456";
        SqlConnection connection=new SqlConnection(connectionString);
        connection.Open();
```

```
string sql="insert into [User] (UserName, Password, Sex, RealName,
Telephone,Address) Values(@UserName,@Password,@Sex,@RealName,@
Telephone,@Address)";
SqlCommand cmm=new SqlCommand(sql,connection);
cmm.Parameters.Add(new SqlParameter("@UserName",this.txtUserName.Text));
cmm.Parameters.Add(new SqlParameter("@Password",this.txtPassword.Text));
cmm.Parameters.Add(new SqlParameter("@Sex",this.rdoMan.Checked?"男":
"女"));
cmm.Parameters.Add(new SqlParameter("@RealName",this.txtRealName.Text));
cmm.Parameters.Add(new SqlParameter("@Telephone",this.txtPhone.Text));
cmm.Parameters.Add(new SqlParameter("@Address",this.txtAddress.Text));
cmm.ExecuteNonQuery();
connection.Close();
}
```

从代码可见,此处没有使用字符串的拼凑方法来构造 SQL 语句,而是在值部分使用了参数,格式是@＋参数名,为了代码的可读性一般把参数名和对应的字段名一致,这样写成的 SQL 语句可读性比字符串拼凑的 SQL 语句好多了。写完 SQL 语句后,需要给参数设置值,所有的参数和值都存放在 SqlCommand 对象的 Parameters 属性中。SqlCommand 的集合属性 Parameters,它的元素是 SqlParameter 类型,因此要根据 SQL 语句中的参数创建对应的 SqlParameter 对象并把它添加到 Parameters 中。创建 SqlParameter 的方法如下:

```
new SqlParameter("@Telephone",this.txtPhone.Text)
```

构造方法中的第一个参数是 SQL 语句中定义的参数名字,第二个参数是 SQL 语句中定义的参数所对应的值。通过 Parameters 集合的 Add 方法把 SqlParameter 对象添加到集合中去。

浏览 Web 窗体 AddUser.aspx,在窗体输入对应的用户信息,单击"添加"按钮,就把数据添加到数据库中了,如图 4-13 所示。

图 4-13　添加一个用户

4.2.4 删除数据库表中的数据

要删除某一个用户先要把用户查询出来，本例在 MultilineUserQuery.aspx 页面的基础上实现，给页面 GridView 控件每一行增加一个删除按钮，编辑 GridView 控件的字段，添加 ComamndField 中的删除按钮如图 4-14 所示。

图 4-14　新增删除按钮

单击"确定"按钮后，设计效果如图 4-15 所示。

图 4-15　设计视图

下面给删除命令编写代码，单击 GridView 控件，单击属性窗口的事件按钮，如图 4-16 所示为在 RowDeleting 事件中双击为这个事件创建事件触发时执行的方法。

RowDeleting 事件在对应行执行 Delete 操作前激发，与这个事件关联的方法如下：

```
protected void gvUser_RowDeleting(object sender,GridViewDeleteEventArgs e)
{

}
```

方法参数 e 有一个 RowIndex 属性,返回用户在 GridView 控件中操作的行号,这对程序实现很有用。通过 e.RowIndex 返回了行号,那么如何获取这一行的关键字段的值呢? 可以在 GridView 控件的 DataKeyNames 属性设置,如图 4-17 所示设置了 UserId 为关键字段,即表示 GridView 控件中的每一行和 UserId 字段的对应行的值一一对应。这样通过 e.RowIndex 返回了行号,由于 DataKeys 集合中的值(关键字段的值)与行对应,只要把 e.RowIndex 和 DataKeys 集合配合使用就可以获取用户操作行所对应的关键字段的值。

图 4-16　RowDeleting 事件

图 4-17　设置数据源的键字段

下面编写代码:

```
protected void gvUser_RowDeleting(object sender,GridViewDeleteEventArgs e)
{
    string connectionString=@"server=.\MARK;database=BookShop;uid=sa;pwd=123456";
    SqlConnection connection=new SqlConnection(connectionString);
    connection.Open();
    string sql="delete from [User] where UserId=@UserId";
    SqlCommand cmm=new SqlCommand(sql,connection);
    Int32 userId=Convert.ToInt32(this.gvUser.DataKeys[e.RowIndex].Value);
    cmm.Parameters.Add(new SqlParameter("@UserId",userId));
    cmm.ExecuteNonQuery();
    connection.Close();
    this.Response.Redirect("MultilineUserQuery.aspx");
}
```

由于 this.gvUser.DataKeys[e.RowIndex].Value 值是 Object 类型,因此通过 Convert 类把值转换成 Int32 类型。this.Response.Redirect("MultilineUserQuery.aspx")这行代码使用了 Response 对象的重定向方法,效果是刷新了页面,若 URL 改成其他页面,则网页会跳到其他页面去。执行效果如图 4-18 所示,记录被删除了。

图 4-18 删除效果

4.3 编写数据库操作类

数据库的操作分为增、删、改和查询,在代码实现时每种操作都要创建 SqlConnection 对象,设置数据库连接字符串并用 Open 方法打开连接,然后是创建 SqlCommand 对象和设置 SQL 语句,最后根据要执行的 SQL 语句的类型选择执行方式,在每次数据库操作时都要重复地输入这些代码,编程的效率比较低,另外如果编写完成的代码换一个数据库环境,就要修改所有数据库连接字符串,给代码的维护带来了麻烦。为了解决这些问题,将新建一个数据库操作类,程序员在进行数据库操作时只要调用这个类执行相应的方法就可以了。同时,为了减少程序对数据库环境的依赖,把数据库连接字符串写在 web.config 文件(创建网站时自动生成)中,当数据库环境变化时,只要修改 web.config 文件的连接字符串就可以了,不用去修改代码。

4.3.1 配置数据库连接字符串

web.config 是网站的配置文件,以 XML 格式存储数据。打开 web.config 文件,在 <configuration> 输入"<",Visual Studio 会提示这个节点可以包含一些子节点,其中一个 <connectionStrings> 子节点可以用来存储数据库连接字符串。

```
<configuration>
    <system.web>
        <compilation debug="false" targetFramework="4.0"/>
    </system.web>
<connectionStrings>
    <add name="BookShop" connectionString="server=.;database=BookShop;uid=sa;pwd=123456"/>
</connectionStrings>
</configuration>
```

如上代码，<configuration>节点中增加了一个子节点，name 为 BookShop，数据库连接字符串 connectionString 为"server=.;database=BookShop;uid=sa;pwd=123456"，这就是原来在代码中定义的连接字符串，此处服务器改成"."，表示是本机，且本机 SQL Server 服务只有一个，因此不用加其他标识。

在代码中如何来读取 web.config 文件中存放的连接字符串呢？在 System.Configuration 命名空间中有一个类 ConfigurationManager 可以实现对数据库连接字符串的访问，代码如下：

```
string connectString = ConfigurationManager.ConnectionStrings["BookShop"].ConnectionString;
```

ConfigurationManager 类有一个集合属性，专门用来存放连接字符串，可以通过连接字符串的名字来访问对应的连接字符串。代码中的 BookShop 对应配置文件中的 name 属性，代码中的 ConnectionString 属性对应配置文件中的 connectionString 属性。

4.3.2 创建数据库操作类

下面来创建数据库操作类 DataBase，先创建一个网站，然后添加一个新项，项的类型为类，取文件名为 DataBase.cs。Visual Studio 会提示类代码一般写在 App_Code 文件，并自动创建这个文件夹，如图 4-19 所示。

一般来说不能通过类直接执行代码，创建类的对象后才能使用相关的属性和方法，如 SqlConnection 对象，用 new 关键字创建后才能使用 Open 方法。有一种类称为静态类，可以不创建对象就可以直接使用其公有的（public）静态（static）方法和属性。为方便地调用数据库操作类，Database 类最好是静态类。数据库的操作可分为增、删、改和查询两种类型，即增、删、改操作不需要返回数据集，查询操作需要返回数据集。在实际中往往 SQL 语句中带有参数，因此每种操作类型要创建同名的两个方法（参数个数不一样），一个方法是无参数的，另一个方法是有参数的。

```csharp
using System;
using System.Collections.Generic;
using System.Linq;
using System.Web;
using System.Data;
using System.Data.SqlClient;
using System.Configuration;

public static class DataBase
{
    private static SqlConnection connection;
    public static SqlConnection Connection
    {
        get
```

图 4-19 新建 App_Code 文件夹

```csharp
        {
            string connectString = ConfigurationManager. ConnectionStrings
            ["BookShop"].ConnectionString;
            if (connection==nullconnection ==null||connection.State==ConnectionState.
            Closed)

            {
                connection=new SqlConnection(connectString);
                connection.Open();
            }
            return connection;
        }
}

public static DataTable GetDataSet(string sql)
{
    SqlCommand command=new SqlCommand(sql,Connection);
    DataSet ds=new DataSet();
    SqlDataAdapter da=new SqlDataAdapter(command);
    da.Fill(ds);
    return ds.Tables[0];
}

public static DataTable GetDataSet(string sql,SqlParameter[] sqlParameter)
{
    SqlCommand command=new SqlCommand(sql,Connection);
    foreach (SqlParameter parameter in sqlParameter)
    {
        command.Parameters.Add(parameter);
    }
    DataSet ds=new DataSet();
    SqlDataAdapter da=new SqlDataAdapter(command);
    da.Fill(ds);
    return ds.Tables[0];
}

public static int ExecuteSql(string sql)
{
    SqlCommand command=new SqlCommand(sql,Connection);
    return command.ExecuteNonQuery();
}

public static int ExecuteSql(string sql,SqlParameter[] sqlParameter)
{
    SqlCommand command=new SqlCommand(sql,Connection);
    foreach (SqlParameter parameter in sqlParameter)
```

```
        {
            command.Parameters.Add(parameter);
        }
        return command.ExecuteNonQuery();
    }
```

下面分析上面的代码。

1. 创建 4 个公有的静态方法

要返回数据集的方法为 GetDataSet，返回数据类型为 DataTable，根据参数 sql 来执行数据库查询操作。这里使用了方法的重载，即一个方法名创建两个方法，每个方法的参数个数不一样，其中一个方法带有 sql 和 sqlParameter 两个参数，表示 sql 参数所存放的 SQL 语句中有参数，SqlCommand 对象需要的参数由 sqlParameter 提供，sqlParameter 这个参数是个数组，即它可以提供多个参数。ExecuteSql 方法用来执行增、删、改操作，也采用了重载方法，并且是公有的静态方法。

2. foreach 循环添加参数

```
foreach (SqlParameter parameter in sqlParameter)
    {
        command.Parameters.Add(parameter);
    }
```

由于 sqlParameter 是数组，需要把数组中的每个参数添加到 SqlCommand 的 Parameters 集合中，故采用 foreach 循环来实现。

3. 使用属性的 Get 访问器创建 SqlConnection

```
private static SqlConnection connection;
public static SqlConnection Connection
{
    get
    {
        string connectString= ConfigurationManager.ConnectionStrings["Book-
        Shop"].ConnectionString;
        if (connection==null||connection.State==ConnectionState.Closed)
        {
            connection=new SqlConnection(connectString);
            connection.Open();
        }
        return connection;
    }
}
```

connection 是类变量，是私有(private)属性，不能被 DataBase 以外的对象访问。Connection 是属性，属性可以有 get 访问器和 set 访问器，代码如下：

```
public static SqlConnection Connection
    {
        get
        {

        }
        Set
        {
        }
    }
```

get 访问器中的代码在从属性取值时执行，因此一般代码中会有一个属性的返回值；set 访问器中代码在给属性赋值时执行。此处只需要读取 SqlConnection 对象，因此不需要 set 访问器。连接字符串是通过 ConfigurationManager 读取的。

4.3.3 使用 DataBase 类

1. 执行无参数的 SQL 语句

现在数据库中创建图书分类表(Category)，添加类别编号(CategoryId)、类别名称(CategoryName)、描述(Description)，如图 4-20 所示。

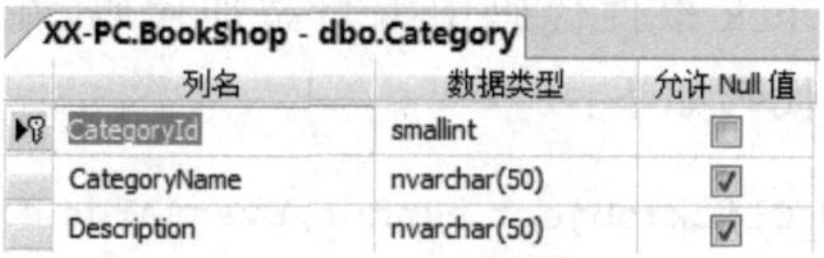
XX-PC.BookShop - dbo.Category

列名	数据类型	允许 Null 值
CategoryId	smallint	☐
CategoryName	nvarchar(50)	☑
Description	nvarchar(50)	☑

图 4-20 Category 表

往表中输入几行数据，然后在 Visual Studio 中添加一个 Web 窗体 Category.aspx，添加一个 GridView 控件到界面，取名为 gvCategory，页面代码如下：

```
<form id="form1" runat="server">
    <div>
        <asp: GridView ID="gvCategory" runat="server">
        </asp: GridView>
    </div>
    </form>
```

然后在 Web 窗体的 Page_Load 方法中编写代码。

```
protected void Page_Load(object sender,EventArgs e)
    {
        string sql="select * from Category";
```

```
            this.gvCategory.DataSource=DataBase.GetDataSet(sql);
            this.gvCategory.DataBind();
    }
```

从代码中可见使用 DataBase.GetDataSet(sql)，即调用了 GetDataSet()方法来查询数据，然后设为 GridView 控件的数据源，这是对于 SQL 语句没有参数的情况。

2．执行有参数的 SQL 语句

新建一个 Web 窗体 AddCategory.aspx 实现添加一个类别的功能，添加类别界面如图 4-21 所示。

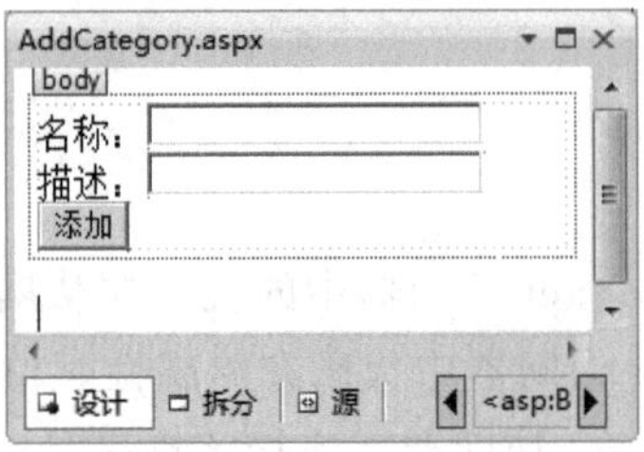

页面代码如下：

```
<form id="form1" runat="server">
    <div>
        名称:<asp: TextBox ID="txtCategoryName"
        runat="server"></asp: TextBox>
        <br/>
        描述:<asp: TextBox ID =" txtDescription"
        runat="server"></asp: TextBox>
        <br/>
        <asp: Button ID="btnAdd" runat="server" onclick="btnAdd_Click" Text="添
        加"/>
    </div>
</form>
```

图 4-21 添加类别界面

下面在"添加"按钮的 Click 事件代码中编写添加代码，在添加类别时要先查询数据库中是否已存在这个类别，代码如下：

```
protected void btnAdd_Click(object sender,EventArgs e)
    {
        string sql="select * from Category where CategoryName=@CategoryName";
        SqlParameter[] parameters=new SqlParameter[]
        {
            new SqlParameter("@CategoryName",this.txtCategoryName.Text)
        };
        DataTable dt=DataBase.GetDataSet(sql,parameters);
        if (dt.Rows.Count ==0)
        {
            sql="insert into  Category ( CategoryName, Description )  values
            (@CategoryName,@Description)";
            parameters=new SqlParameter[]
            {
                new SqlParameter("@CategoryName",this.txtCategoryName.Text),
                new SqlParameter("@Description",this.txtDescription.Text)
            };
```

```
            DataBase.ExecuteSql(sql,parameters);
        }
    }
```

代码先查询数据库中是否有相同名称的类别，如果没有再添加新类别。由于 SQL 语句中有参数，因此要调用支持参数的方法来执行，在执行之前要新建一个数组 parameters，其元素的数据类型是 SqlParameter，注意 parameters 中添加元素时最后不需要加","。GetDataSet 方法返回的是 DataTabe 对象，因此要创建一个 DataTable 变量 dt 来接受 GetDataSet 方法的返回值。

图 4-22　添加类别

浏览网页，添加类别数据，单击"添加"按钮，如图 4-22 所示。

浏览数据库，可见数据已经添加到 Category 表中。

4.4　本章小结

SqlConnection 对象用来建立和某个数据库的连接。

SqlCommand 对象通过 SqlConnection 对象向数据库发送命令，因此创建 SqlCommand 需要先有要操作的 SQL 语句以及已经打开的连接对象。

DataSet 类位于 System.Data 命名空间，DataSet 对象可以看作是一个数据库，存放的是一些表的集合。

DataTable 类也属于 System.Data 命名空间，它有一个重要属性 Rows，Rows 也是一个集合属性，集合的元素是表中的记录(DataRow)。

在 GridView 控件的 DataKeyNames 属性设置表的关键字段，使得 GridView 控件的每一行和关键字段(DataKeys 属性)的每一行值对应。

<connectionStrings>子节点可以用来存放数据库连接字符串。

4.5　本章习题

4.5.1　理论练习

1. 下面(　　)语句是实现数据库的插入操作。
   A. insert　　　　B. update　　　　C. select　　　　D. delete
2. 下面(　　)语句是实现数据库的查询操作。
   A. insert　　　　B. update　　　　C. select　　　　D. delete
3. 新建一个对象用(　　)关键字。
   A. new　　　　　B. string　　　　　C. SqlCommand

4. 数据库连接字符串中的 uid 表示（　　）。

　　A．登录名　　　　B．数据库名　　　C．密码　　　　　D．服务器名

5. 下面（　　）是表示 DataSet 对象 ds 的第一张表。

　　A．ds[0]　　　　　B．ds.Tables[0]　　C．ds.Tables[1]

6. 下面（　　）表示 DataTable 对象 dt 的第一行一列。

　　A．dt.Rows[0]　　B．dt.Rows[0][0]　　C．dt.Rows[0][1]

7. 控件与数据源绑定时要设置控件的（　　）属性。

　　A．DataSource　　B．Text　　　　　C．ID　　　　　　D．Type

8. 控件与数据源绑定时要设置执行控件的（　　）方法。

　　A．DataBind　　　B．ToString　　　　C．DeleteRow

9. SqlCommand 对象的参数类名是（　　）。

　　A．SqlParameter　 B．Parameter　　　C．Parameters

10. （　　）不是属性具有的访问器。

　　A．set　　　　　　B．get　　　　　　C．ToString

4.5.2 实践操作

1. 图 4-23 是添加一个用户的案例，请优化这个程序。

（1）添加验证控件完成验证功能，并完善代码。

（2）完善代码要求在添加数据前先检索一下表 User 中是否已存在相同的昵称，如存在就提示用户，同时清空昵称文本框；如不存在，就添加记录。

（3）添加成功后，清空各个控件的值。

图 4-23　添加一个用户案例

2. 使用数据库操作类完成用户模块的各个页面。一般包括用户查询、用户信息修改、添加用户、删除用户等。

第 5 章 ASP.NET 内置对象

本章任务

（1）熟练使用 Response 对象和 Request 对象。
（2）熟练使用 Cookie 对象、Server 对象。
（3）熟练使用 Session 对象、Application 对象。

对象是由类创建的,其中包括数据和程序代码,对象的属性必定与数据关联,对象的方法必定与程序代码关联。对于 ASP.NET 内置对象我们不需要了解其内部是如何运作的,只要知道对象的功能和意义,能够使用对象的方法和属性进行编程就行。

用户通过浏览器向 Web 服务器发送请求(Request),Web 服务器向浏览器响应(Response)并把 Web 页面(HTML 代码)传递给浏览器,ASP.NET 对象的创建就是为了实现这一过程服务的。显然 ASP.NET 对象都在服务器端,但每个对象的功能可以是为服务器服务也可以是为客户端服务。例如,浏览器向服务器端提交的请求就用 Request 对象来处理,服务器端向客户端浏览器传递数据用 Response 对象来处理,Server 对象来处理服务器本身的一些信息,Session 对象处理一个用户与服务器的会话信息,Application 对象处理所有用户的信息,Cookie 对象用来处理浏览器存储在客户端硬盘的用户信息。这些对象的详细信息如表 5-1 所示。

表 5-1 ASP.NET 的对象

对象名称	功　能
Request	获取浏览器提交的各种信息
Response	向浏览器输出各种信息
Cookie	读取和存储在用户临时文件夹中的信息
Session	读取和存储当前连接用户的信息
Application	读取和存储所有用户的信息
Server	处理服务器的一些信息

5.1 Response 对象

Response 对象由 System.Web 命名空间的 HttpResponse 类创建而成,在 Web 窗体中 Response 对象作为 Page 对象的属性出现,因此程序员在使用时不需要自己创建,如在 Page_Load 事件中输入 Response,光标移到这个字符串上面 Visual Studio 会提示这是

HttpResponse Page.Response。Response 对象用来封装 Web 服务器相应客户端浏览器的信息。下面介绍 Response 对象的常用方法和属性。

1．Response.Write

Response 对象的 Write 方法用来向客户端浏览器输出信息，语法如下：

```
Response.Write(string s)
```

该方法可以输出字符串常量，也可以输出字符串变量，很多时候可以输出 HTML 代码。添加一个 Web 窗体 ResponseWrite.aspx，在 Page_Load 事件代码中编写如下代码：

```
protected void Page_Load(object sender,EventArgs e)
    {
        Response.Write("Hello World");
        Response.Write("<br/>");
        Response.Write(DateTime.Now.ToString());
    }
```

浏览网页，效果如图 5-1 所示。

如图 5-1 所示，第一行代码是输出常量，第二行代码输出了换行符，第三行代码输出了一个变量，DateTime.Now 获取当前的日期时间信息。

图 5-1　Response.Write 方法

2．Response.Redirect

Response.Redirect 方法能将请求重定向到新的 URL，语法如下：

```
Response.Redirect(string url)
```

如要从 ResponseWrite.aspx 页面重定向到 Category.aspx 页面，可以用如下代码：

```
protected void Page_Load(object sender,EventArgs e)
    {
        Response.Redirect("Category.aspx");
    }
```

如果要重定向到不属于本网站的页面，如百度的主页，则要加 http：//，代码如下：

```
protected void Page_Load(object sender,EventArgs e)
    {
        Response.Redirect("http://www.baidu.com");
    }
```

浏览网页，效果如图 5-2 所示。

Response.Redirect 的应用场景很多，如登录后要进入其他页面就需要使用这个方法，如果重定向到本身页面，则会起到刷新页面的效果。

图 5-2 百度主页

3. Response.End

Response.End()方法将把 Response 缓冲区的所有数据输出到客户端,然后停止页面其他代码的执行,这个方法经常用在权限控制的场合,如有个用户要访问一个页面,经过验证这个用户没有访问页面的权限,则可运行这个方法。

5.2 Request 对象

Request 对象由 System.Web 命名空间的 HttpRequest 类创建而成,在 Web 窗体中 Request 对象是作为 Page 对象的属性出现,因此程序员在使用时不需要自己创建。例如,在 Page_Load 事件中输入 Request,光标移到这个字符串上面 Visual Studio 会提示这是 HttpRequest Page.Request。Request 可以读取客户端浏览器发送的 HTTP 请求和信息。下面介绍 Request 对象的常用方法和属性。

1. 获取 HTTP 请求中的客户端环境信息

浏览器向服务器发送请求时除了发送 URL 地址外还会发送客户端的一些信息,使用 Request 对象的属性就可以获取相关信息。Request 相关属性如表 5-2 所示。

表 5-2 Request 相关属性

对象名称	功能	对象名称	功能
ApplicationPath	获取虚拟应用程序根路径	ContentEncoding	获取网页的字符集
Browser	客户端浏览器信息	URL	当前请求的 URL

新建 Request.aspx 页面,在 Page_Load 事件中编写如下代码:

```
protected void Page_Load(object sender,EventArgs e)
```

```
        {
            Response.Write(Request.ApplicationPath);
            Response.Write("<br/>");
            Response.Write(Request.Browser.Browser);
            Response.Write("<br/>");
            Response.Write(Request.ContentEncoding.WebName);
            Response.Write("<br/>");
            Response.Write(Request.Url);
        }
```

浏览网页,结果如图 5-3 所示。

2. Request 对象的 Form 集合

Request 对象的 Form 集合用来接收客户端提交的表单信息,格式如下:

```
Request.Form[控件的 ID]
```

下面在 Request.aspx 页面中添加文本框、按钮、标签,通过 Form 集合获取文本框的值。设计视图如图 5-4 所示。

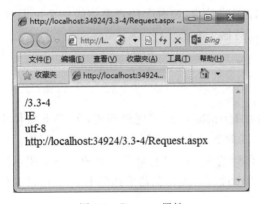

图 5-3　Request 属性

图 5-4　设计视图

页面代码如下:

```
<form id="form1" runat="server">
    <div>
        <asp: TextBox ID="txtUserName" runat="server"></asp: TextBox>
        <asp: Button ID ="btnSubmit" runat ="server" Text ="提交" onclick ="btnSubmit_Click"/>
        <br/>
        <asp: Label ID="lblResult" runat="server" Text="Label"></asp: Label>
    </div>
</form>
```

在按钮 Click 事件中编写如下代码:

```
protected void btnSubmit_Click(object sender,EventArgs e)
    {
        this.lblResult.Text=Request.Form["txtUserName"];
    }
```

浏览页面,结果如图 5-5 所示。

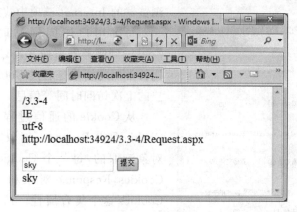

图 5-5　运行结果

3. Request.QueryString 集合

QueryString 即查询字符串,是 URL 字符串中"?"后面以键值对的形式出现的字符串,键和值之间用"="分隔,如 http：//Request.aspx? UserName=Mark,在这个 URL 中有一个键值对,键是 UserName,值是 Mark,如果有多个键值对则用 & 符号分隔,如 http：//Request.aspx? UserName=Mark&Password=12345。

要取得 UserName 的值可以用 Request.QueryString[UserName],返回的类型是 string。在 Request.aspx 的 Page_Load 事件中增加如下代码：

```
Response.Write("<br/>");
Response.Write("UserName: "+Request.QueryString["UserName"]);
```

浏览网页,在 URL 中增加"? UserName=Mark",刷新页面,得到如下结果,图 5-6 显示了 UserName 的值。

图 5-6　QueryStirng 集合

5.3 Cookie 对象

Cookie 是一小段信息,是用户在浏览网站时由 Web 服务器发送通过用户浏览器存储在用户的临时文件夹中,具体位置可以通过浏览器的 Internet 选项中找到,如图 5-7 所示。

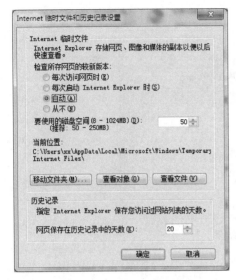

图 5-7 临时文件夹位置

每次用户访问网站时,浏览器会发送 Cookie 到服务器来通知网站用户以前的活动,比较常用的场景是通过 Cookie 记录购物车、用户的上次访问时间等信息。

从 Cookie 的通信过程和编程的角度看,Cookie 是由 Response 对象写入,通过 Request 对象读取的,每一个 Cookie 对象都属于集合 Cookies,Response 对象和 Request 对象都有 Cookies 这个集合属性。访问 Cookies 的语句如下:

```
Response.Cookies["UserName"].Value = "mark"          //写入 Cookie
string userName = Request.Cookies["UserName"].Value  //读取 Cookie
```

上面两行代码以 Cookie 变量 UserName 为例介绍了 Cookie 的读取和写入方法,即通过 Response 对象的 Cookies 属性写入,通过 Request.Cookies 属性读取。Cookie 还有一个重要属性 Expires,用来设定 Cookie 变量的有效时间,如果没有设置 Cookie 变量的有效时间,它仅保存到关闭浏览器程序为止,如果将 Cookie 对象的 Expires 设置为 MaxValue,则表示 Cookie 变量永不过期。

添加一个 Web 窗体 Cookie,设计视图如图 5-8 所示。

图 5-8 设计视图

页面代码如下:

```
<form id="form1" runat="server">
    <div>
        <asp: TextBox ID="txtReadCookie" runat="server"></asp: TextBox>
        <asp: Button ID="btnReadCookie" runat="server" onclick="btnReadCookie_Click"
            Text="读取 Cookie"/>
        <br/>
        <asp: Button ID="btnWriteCookie" runat="server" onclick="btnWriteCookie_Click"
            Text="写入 Cookie"/>
```

```
        </div>
    </form>
```

请读者阅读页面代码,明确各个控件属性的设置,然后编写按钮 Click 事件代码。

```
public partial class Cookie : System.Web.UI.Page
{
    protected void Page_Load(object sender,EventArgs e)
    {

    }
    protected void btnWriteCookie_Click(object sender,EventArgs e)
    {
        Response.Cookies["UserName"].Value="Mark";
        Response.Cookies["UserName"].Expires=DateTime.MaxValue;
    }
    protected void btnReadCookie_Click(object sender,EventArgs e)
    {
        this.txtReadCookie.Text=Request.Cookies["UserName"].Value;
    }
}
```

浏览网页,单击"写入 Cookie"按钮,然后单击"读取 Cookie"按钮,结果如图 5-9 所示。

图 5-9　运行结果

由于 Cookie 存储在客户端,受客户端浏览器的限制,如果用户在浏览器中设置禁用 Cookie,那么 Cookie 就无法使用。

5.4　Session 对象

Session 对象和 Cookie 对象类似,都是存储一段信息,但 Cookie 对象是存储在客户端,而 Session 对象是存储在服务器端。针对每一个连接,系统自动分配一个 ID 来标识每一个用户,该 ID 在客户端和服务器端传递,达到唯一标识某一个用户的目的。Session 对象用来存储用户一次会话过程中的信息。

Session 对象由 System.Web.SessionState 命名空间的 HttpSessionState 类创建而

成,在 Web 窗体中 Session 对象是作为 Page 对象的属性出现,因此程序员在使用时不需要自己创建。例如,在 Page_Load 事件中输入 Session,光标移到这个字符串上面 Visual Studio 会提示这是 HttpSessionState Page.Session。Session 对象的使用语法如下:

```
Session["变量名"]=值;              //设置 Session 变量
变量=Session["变量名"];            //读取 Session 变量
```

添加两个 Web 窗体 WriteSession.aspx 和 ReadSession.aspx,在 WriteSession.aspx 中添加一个按钮,按钮 Click 事件代码如下:

```
protected void btnWriteSession_Click(object sender,EventArgs e)
{
    Session["UserName"]="Mark";
    this.Response.Redirect("ReadSession.aspx");
}
```

在 ReadSession.aspx 中添加一个按钮和一个文本框,页面代码如下:

```
<form id="form1" runat="server">
   <div>
       <asp:TextBox ID="txtSessionValue" runat="server"></asp:TextBox>
       <asp:Button ID=" btnReadSession " runat=" server " onclick="btnReadSession_Click"
          Text="ReadSession"/>
   </div>
</form>
```

在按钮 Click 事件代码中编写如下代码:

```
protected void btnReadSession_Click(object sender,EventArgs e)
{
    this.txtSessionValue.Text=Session["UserName"].ToString();
}
```

浏览 WriteSession.aspx 页面,单击 WriteSession 按钮,然后在 ReadSession.aspx 页面单击 ReadSession 按钮,如图 5-10 所示。

需要注意的是,Session 变量返回的是一个对象,如果变量的值是 String 类型,直接用 ToString 方法即可获取值;如果是其他对象则要通过类型转换。例如,Session 变量存放的是一个 Cart 对象,则要通过 (Cart)Session["Cart"]进行类型强制转换。

Session 变量和 Cookie 相比有很多优点,但由于 Session 变量存储在服务器端,如果存储大量数据,会占用服务器的大量资

图 5-10　读取 Session

源从而影响性能,如果用户的浏览器关闭,那么服务器会自动释放 Session 变量。Session 变量的典型应用是存放用户名、密码、权限等信息。

5.5 Application 对象

Application 对象也是存放在服务器端,可以存储所有用户的信息,生命周期从 Web 服务器启动开始到 Web 服务器停止为止。Application 对象由 System.Web 命名空间的 HttpApplicationState 类创建而成,在 Web 窗体中 Application 对象是作为 Page 对象的属性出现,因此程序员在使用时不需要自己创建。例如,在 Page_Load 事件中输入 Application,光标移到这个字符串上面 Visual Studio 会提示这是 HttpApplicationState Page.Application。

Application 对象的使用语法如下:

```
Application["变量名"]=值;            //设置 Application 变量
变量=Application["变量名"];          //读取 Application 变量
```

由于所有用户都可以访问 Application 变量,因此当同时有多个用户访问 Application 变量时可能会出现问题。Application 对象有 Lock 和 UnLock 方法来解决这个问题,当使用 Lock 方法时只有使用锁定(Lock)的用户可以访问 Application 变量;当用使用 UnLock 后其他用户才可以访问 Application 变量。

下面以最常用的网站访问人数为例介绍 Application 对象的使用。添加一个 Web 窗体 Application.aspx,页面代码如下:

```
<form id="form1" runat="server">
    <div>
        <asp:Label ID="lblQuantity" runat="server"></asp:Label>
    </div>
</form>
```

在 Page_Load 事件代码中编写如下代码:

```
protected void Page_Load(object sender,EventArgs e)
{
    if (Application["Quantity"] ==null)
    {
        Application["Quantity"]=1;
    }
    else
    {
        Application["Quantity"]= (Int32)Application["Quantity"]+1;
    }
    this.lblQuantity.Text=Application["Quantity"].ToString();
}
```

浏览页面，并多次刷新，结果如图 5-11 所示。

图 5-11　Application 对象使用

5.6　Server 对象

Server 对象由 System.Web 命名空间的 HttpServerUtility 类创建而成，在 Web 窗体中 Server 对象是作为 Page 对象的属性出现，因此程序员在使用时不需要自己创建。例如，在 Page_Load 事件中输入 Server，光标移到这个字符串上面 Visual Studio 会提示这是 HttpServerUtility Page.Server。下面介绍 Server 对象的常用方法和属性。

1. Server.MapPath

Server.MapPath 用来返回 Web 服务器上指定虚拟路径的物理路径，语法如下：

```
Server.MapPath(string path)
```

在 ASP.NET 中"~/"表示根目录，"./"表示当前目录，因此要获取根目录和当前目录的物理路径的代码如下：

```
Server.MapPath("~/")
Server.MapPath("./")
```

添加一个 Web 窗体 Server.aspx，在 Page_Load 事件代码中编写如下代码：

```
protected void Page_Load(object sender,EventArgs e)
    {
        Response.Write(Server.MapPath("~/"));
        Response.Write("<br/>");
        Response.Write(Server.MapPath("./a.asp"));
    }
```

浏览网页，结果如图 5-12 所示。

2. Server.HtmlEncode 和 Server.HtmlDecode

有的时候需要在网页输出"
"这个字符串，但浏览器会把它直接解释为换行

图 5-12 Server.MapPath 使用

符。HtmlEncode 方法能对字符串进行编码，使其在浏览器中正确显示；HtmlDecode 是对已经编码的字符串进行解码。

在 Server.aspx 中添加一个按钮，在 Click 事件代码中编写如下代码：

```
protected void btnHtmlEncode_Click(object sender,EventArgs e)
{
    string str=@"I am<br/>Mark";
    str=Server.HtmlEncode(str);
    Response.Write(str);
    Response.Write("<br/>");
    str=Server.HtmlDecode(str);
    Response.Write(str);
}
```

浏览网页，单击 HtmlEncode 按钮，效果如图 5-13 所示。

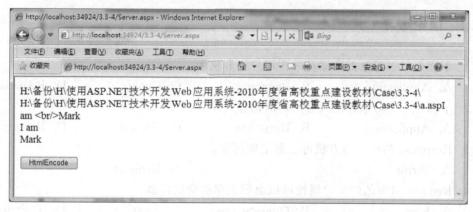

图 5-13 Server.HtmlEncode 和 Server.HtmlDecode

通过查看程序执行过程的 str 值可知"I am
Mark"转换成了"I am
Mark"，即浏览器能够识别转换后的编码。

3. UrlEncode 和 UrlDecode

在网页的 URL 地址中不能出现 #，因为 # 后面的字符串会被截断，即服务器获取的 URL 只到 # 为止，如果有些情况下一定要用 # 号，那么就要进行 URL 编码。

```
string str=Server.UrlEncode("#");
```

♯号就转变成％23，就可以出现在 URL 地址中而不会截断后面的字符串。UrlEncode 在实际中很少使用，因为浏览器会自动把除数字、字母外的字符转变成 URL 编码，Rquest 对象会对接受的参数自动解码。

5.7 本章小结

Response 对象的 Write 方法用来向客户端浏览器输出信息。

Request 的 Form 集合用来接受客户端提交的表单信息。

Cookie 由 Response 对象写入，通过 Request 对象读取，每一个 Cookie 对象都属于集合 Cookies，Response 对象和 Request 对象都有 Cookies 这个集合属性。

针对每一个连接，系统自动分配一个 ID 来标识每一个用户，该 ID 在客户端和服务器端传递，达到唯一标识某一个用户的目的，Session 对象用来存储用户一次会话过程中的信息。

Application 对象也是存放在服务器端，可以存储所有用户的信息，生命周期从 Web 服务器启动开始到 Web 服务器停止为止。

Server 对象由 System.Web 命名空间的 HttpServerUtility 类创建而成，在 Web 窗体中 Server 对象是作为 Page 对象的属性出现，因此程序员在使用时不需要自己创建。

5.8 本章习题

5.8.1 理论练习

1. 下面（　　）对象把数据存放在用户计算机中。
   A. Application　　B. Response　　C. Cookie　　D. Request
2. 下面（　　）对象存储所有用户的信息。
   A. Application　　B. Response　　C. Cookie　　D. Request
3. Response 的（　　）方法可以重定向网址。
   A. Write　　　　　　　　　　　　　B. Redirect
4. Request 对象的（　　）属性可以返回表单提交的信息。
   A. Form　　B. QueryStirng　　C. Text　　D. ToString
5. 通过（　　）对象来写入 Cookie。
   A. Response　　B. Rquest　　C. Server　　D. Session
6. 通过（　　）对象来读取 Cookie。
   A. Response　　B. Rquest　　C. Server　　D. Session
7. 统计网站的在线人数一般使用（　　）对象变量。
   A. Application　　B. Response　　C. Cookie　　D. Request
8. 获取网站根目录的物理路径可以使用（　　）对象。

A. Application   B. Server   C. Response   D. Request

9. 记录用户的用户名一般使用（　　）对象变量。

A. Response   B. Rquest   C. Server   D. Session

10. 在浏览器进行适当设置可使（　　）对象无法使用。

A. Response   B. Cookie   C. Server   D. Session

5.8.2 实践操作

1. 新建一个网站，添加两个 Web 窗体 Login.aspx 和 Info.aspx，Login.aspx 是实现用户登录的窗体，请用户输入用户名密码，程序通过查询数据验证用户输入的用户名和密码是否正确，若正确重定向到 Info.aspx，显示用户的用户名、浏览器版本、上次的登录时间、浏览器语言等信息。注：如果用户未登录，则无法显示 Login.aspx 网页。

2. 用 Application 变量来实现一个简易的聊天室。

第二篇

实 战 篇

第 6 章　简易网上书店总体设计
第 7 章　首页设计
第 8 章　实现购物流程
第 9 章　后台管理

第 6 章 简易网上书店总体设计

本章任务
(1) 理解简易网上书店的页面组成。
(2) 创建简易网上书店的数据库。
(3) CSS+div 布局网站首页。

6.1 简易网上书店页面组成

6.1.1 系统页面组成

简易网上书店系统有两种用户：一种用户是顾客，即在简易网上书店浏览图书、购买图书的客户；另一种用户是书店的后台管理员，负责处理订单、图书管理、图书类别管理。客户购买图书的流程如图 6-1 所示。

简易网上书店 Web 应用系统所包含的所有程序文件如图 6-2 所示。

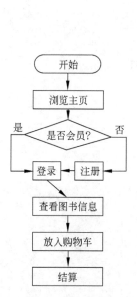

图 6-1 购物流程图　　　　图 6-2 简易网上书店解决方案资源管理器

这就是我们要开发的简易网上书店系统，在解决方案中 Admin 文件夹存放管理员管理页面，如添加图书、添加类别等页面；Image 文件夹存放系统所用到的图片文件；Styles 文件夹存放样式表文件，文件的具体说明如表 6-1 所示。

表 6-1 系统文件清单

文 件 名	说 明	文 件 名	说 明
AddBook.aspx	添加图书页面	ExpressInfo.aspx	订单快递信息页面
AddCategory.aspx	添加图书分类页面	Main.Master	前台页面母版页
ChangePassword.aspx	修改密码页面	MyInfo.aspx	我的信息页面
EditBook.aspx	图书编辑页面	MyOrder.aspx	我的订单页面
EditCategory.aspx	类别编辑页面	OrderInfo.cs	订单信息类
ManageOrder.aspx	管理订单页面	Register.aspx	注册页面
WebSite.css	网站样式文件	ShoppingCart.aspx	购物车页面
Backend.Master	后台页面母版页	ShowBookByCategory.aspx	根据分类查询图书页面
Book.cs	图书类	ShowBookByKey.aspx	根据关键字查询图书页面
BookDetail.aspx	图书详细页面	Web.config	网站配置页面
DataBase.cs	数据库操作类	Web.sitemap	站点地图
Default.aspx	首页		

注：如果读者对一些文件不理解可以先跳过，可以在阅读第 7 章～第 9 章时再来理解。

6.1.2 系统主要页面界面

下面是顾客购物和管理员进行管理时使用的主要页面。

1. 首页（Default.aspx）

首页如图 6-3 所示。

2. 图书详细页面（BookDetail.aspx）

图书详细页面如图 6-4 所示。

3. 购物车页面（ShoppingCart.aspx）

购物车页面如图 6-5 所示。

4. 订单快递信息页面（ExpressInfo.aspx）

订单快递信息页面如图 6-6 所示。

图 6-3 首页

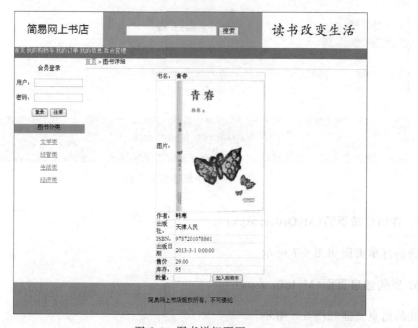

图 6-4 图书详细页面

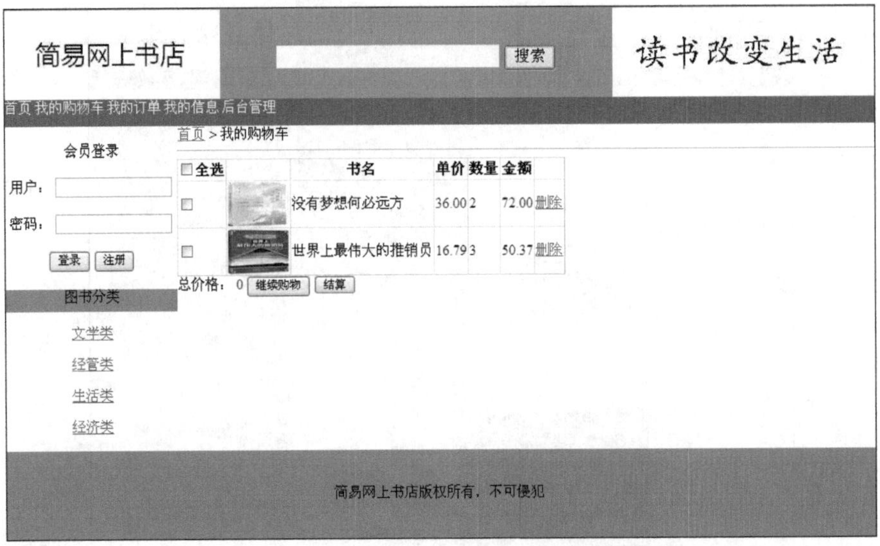

图 6-5 购物车页面

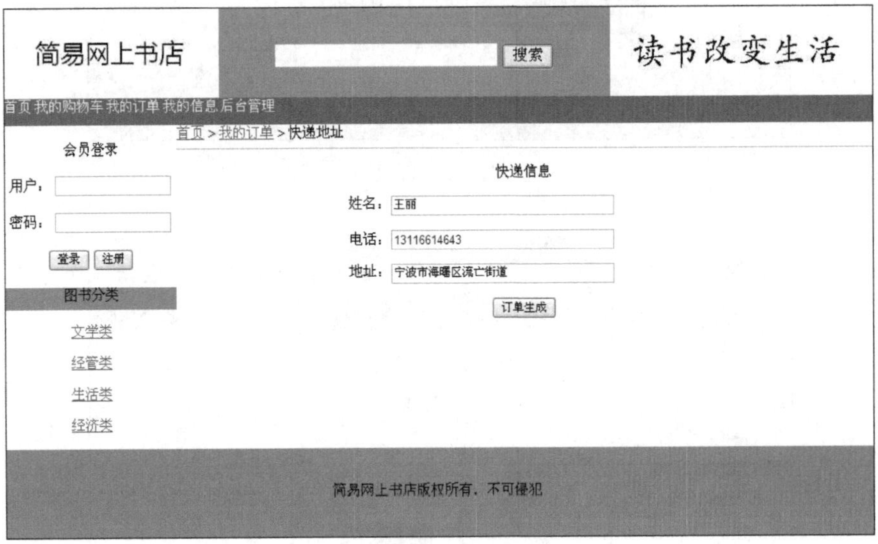

图 6-6 订单快递信息页面

5. 我的订单页面（MyOrder.aspx）

我的订单页面如图 6-7 所示。

6. 我的信息页面（MyInfo.aspx）

我的信息页面如图 6-8 所示。

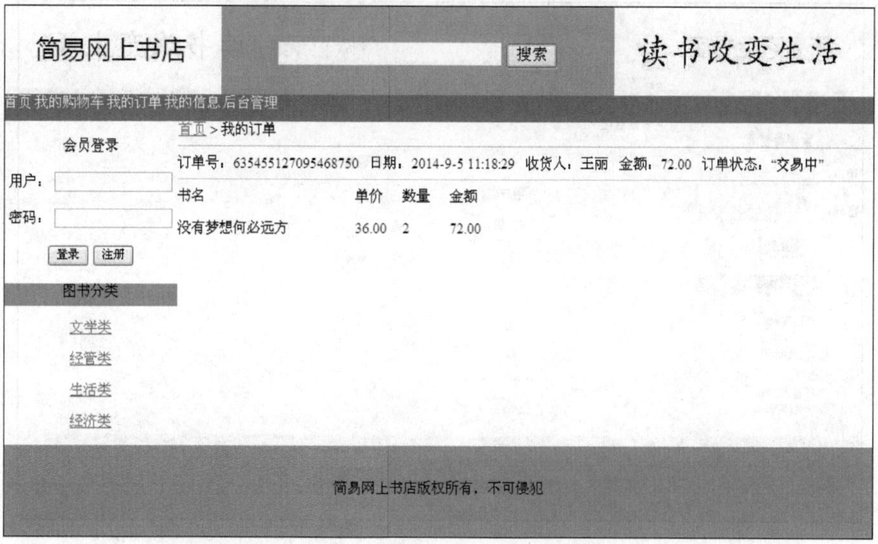

图 6-7 我的订单页面

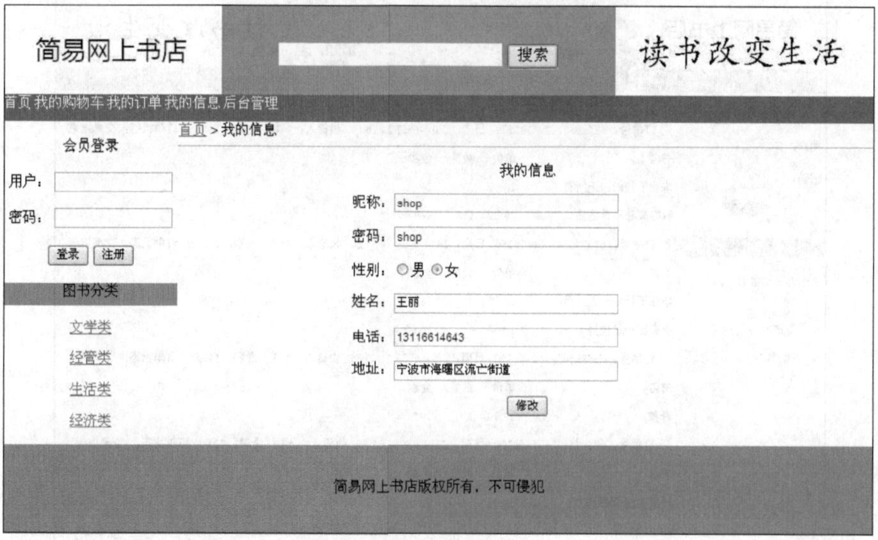

图 6-8 我的信息页面

7. 修改密码页面（ChangePassword.aspx）

修改密码页面如图 6-9 所示。

8. 管理订单页面（ManageOrder.aspx）

管理订单页面如图 6-10 所示。

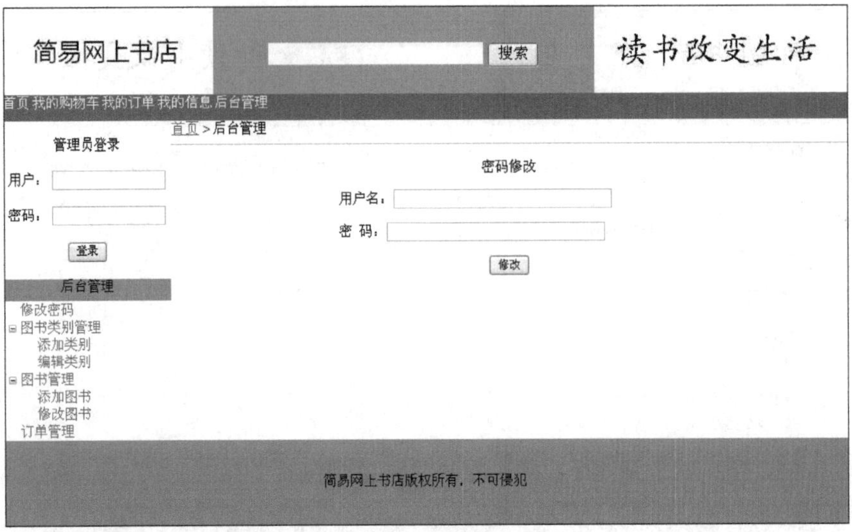

图 6-9 修改密码页面

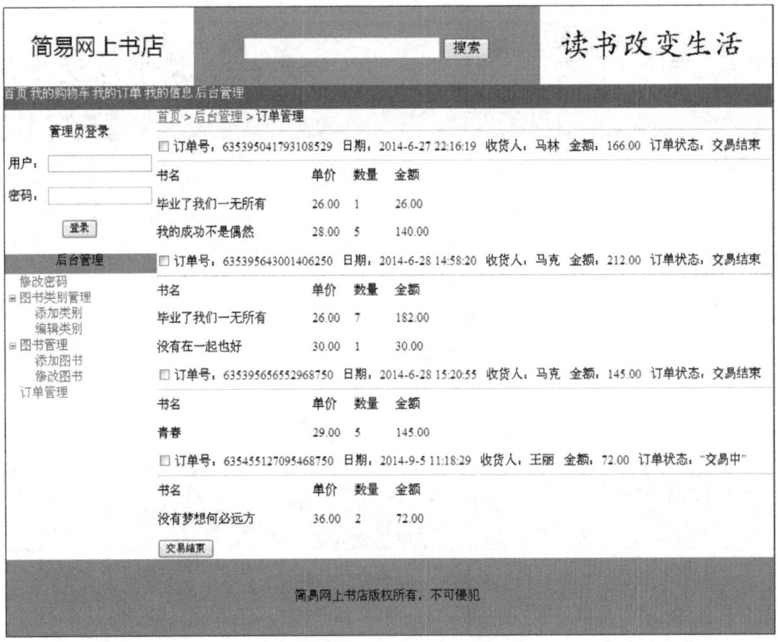

图 6-10 管理订单页面

9. 添加图书页面（AddBook.aspx）

添加图书页面如图 6-11 所示。

10. 图书编辑页面（EditBook.aspx）

图书编辑页面如图 6-12 所示。

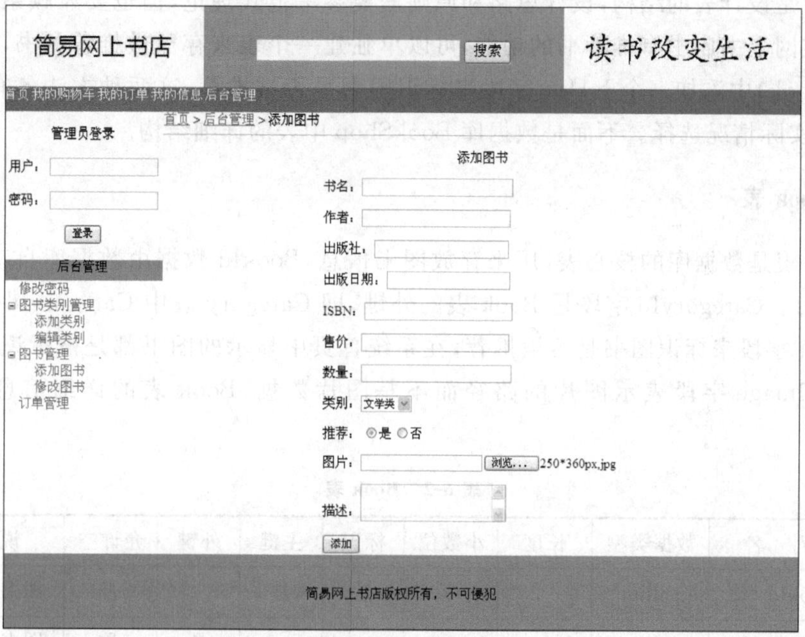

图 6-11 添加图书页面

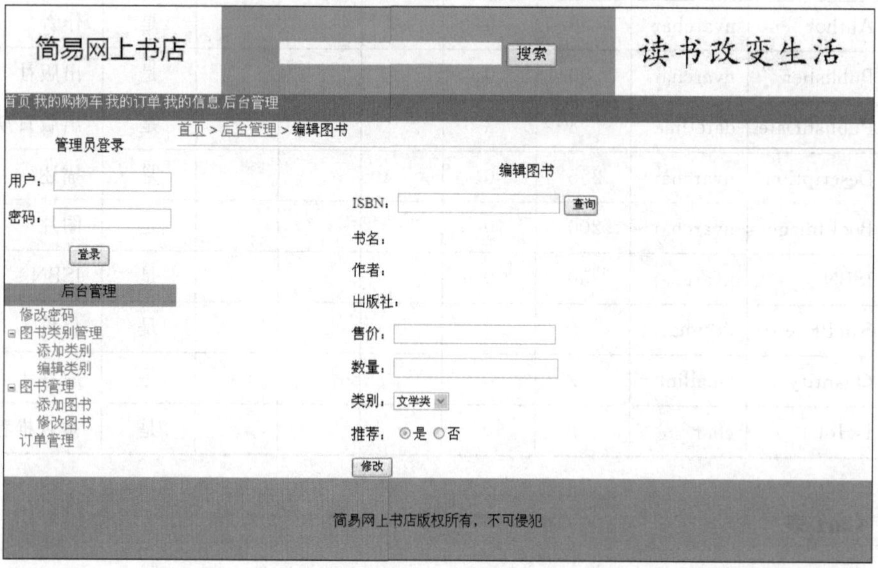

图 6-12 图书编辑页面

6.2 数据库设计

数据库采用 SQL Server 2008，创建数据库 BookShop，包括 Book、Cart、Category、Order、OrderDetail、User 6 张表。数据库的设计首先是确定需要哪几张表以及表之间的关系，然后是设计表的结构，设计思路和原则需要参考范式理论，但也要兼顾系统功能的实现，如在网上书店中有推荐书的功能，可以单独建一个表来存放被推荐的书，也可以在图书表（Book）中添加一个IsHot字段来标识图书是否被推荐，这两种方法各有优缺点，需要根据实际情况选择。下面是数据库BookShop中表的详细结构。

1. Book 表

Book表是数据库的核心表，用来存放图书信息，BookId数据由数据库自动产生，值每次递增1。CategoryId字段是Book表的外键，即Category表中CategoryId字段是主键。IsHot字段来标识图书是否被推荐，在系统首页中显示的图书都是被标识推荐的图书。BookImage字段表示图片的路径而不是图片数据，Book表的详细信息如表6-2所示。

表6-2 Book 表

序号	列名	数据类型	长度	小数位	标识	主键	外键	允许空	说明
1	BookId	smallint	2	0	是	是		否	图书编号
2	CategoryId	smallint	2	0			是	是	图书类别编号
3	BookName	nvarchar	50	0				是	书名
4	Author	nvarchar	50	0				是	作者
5	Publisher	nvarchar	50	0				是	出版社
6	PublishDate	datetime	8	3				是	出版日期
7	Description	nvarchar	255	0				是	描述
8	BookImage	nvarchar	200	0				是	图片
9	ISBN	nvarchar	50	0				是	ISBN
10	SalePrice	decimal	9	2				是	售价
12	Quantity	smallint	2	0				是	库存
13	IsHot	char	2	0				是	是否推荐

2. Cart 表

在有些系统中购物车信息通过Cookie实现，但Cookie依赖客户浏览器的设置，在本系统中购物车信息存放在Cart表中。Cart表用来存放购物车信息，只有用户编号、图书编号、购买数量3个字段，其中用户编号来自User表，图书编号来自Book表。从表6-3中可以看出购物车表中没有存放图书的价格，即购物车中的图书售价来自Book表的SalePrice字段。如果用户仅仅是把图书放入购物车而没有下单，那么过一段时间图书涨价了，客户如果想要买图书还需支付涨价后的价格。详细信息如表6-3所示。

表 6-3 Cart 表

序号	列名	数据类型	长度	小数位	主键	外键	允许空	说明
1	UserId	smallint	2	0	是	是	否	用户编号
2	BookId	smallint	2	0	是	是	否	图书编号
3	Quantity	smallint	2	0			是	购买数量

3. Category 表

Category 表用来存放图书分类信息，CategoryId 数据由数据库自动产生，值每次递增 1。CategoryID 表的详细信息如表 6-4 所示。

表 6-4 Category 表

序号	列名	数据类型	长度	小数位	标识	主键	允许空	说明
1	CategoryId	smallint	2	0	是	是	否	图书类别编号
2	CategoryName	nvarchar	50	0			是	图书类别名
3	Description	nvarchar	50	0			是	图书类别描述

4. Order 表

Order 表用来存放订单信息。一个订单只属于一个用户，除了订单编号、用户编号、订单日期外，还包括快递信息、订单的总价、订单的状态。一个订单可以包含多本、多种图书，用一个表来存放订单的全部信息将会产生较大的冗余，因此用 Order 表和 OrderDetail 表来存放订单信息，其中 OrderDetail 表用来存储订单中的图书信息。Order 表的详细信息如表 6-5 所示。

表 6-5 Order 表

序号	列名	数据类型	长度	小数位	主键	外键	允许空	默认值	说明
1	OrderId	nvarchar	50	0	是		否		订单编号
2	UserId	smallint	2	0		是	否		用户编号
3	OrderDate	datetime	8	3			否	getdate	订单日期
4	Telephone	nvarchar	20	0			否		电话
5	Address	nvarchar	50	0			否		地址
6	RealName	nvarchar	50	0			否		收货人
7	TotalPrice	decimal	9	2			是		总价
9	Status	nvarchar	50	0			是	"交易中"	订单状态

5. OrderDetail 表

OrderDetail 表用来存放订单中图书的详细信息,包括订单编号、图书编号、图书售价、购买数量。在 OrderDetail 表中有一个图书售价,即当用户下单后,图书的价格将不会受市场价的影响。OrderDetail 表的详细信息如表 6-6 所示。

表 6-6 OrderDetail 表

序号	列 名	数据类型	长度	小数位	主键	外键	允许空	说 明
1	OrderId	nvarchar	50	0	是	是	否	订单编号
2	BookId	smallint	2	0	是	是	否	图书编号
3	SalePrice	decimal	9	2			否	图书售价
4	Quantity	smallint	2	0			否	购买数量

6. User 表

User 表用来存放用户信息,包括普通用户和网站管理员,Rank 字段为 1 表示普通用户,Rank 字段为 2 表示管理员。User 表的详细信息如表 6-7 所示。

表 6-7 User 表

序号	列 名	数据类型	长度	小数位	标识	主键	允许空	默认值	说 明
1	UserId	smallint	2	0	是	是	否		用户编号
2	UserName	nvarchar	50	0			是		用户名
3	Password	nvarchar	50	0			是		密码
4	Rank	smallint	2	0			是	1	Rank 为 1 表示普通用户,Rank 为 2 表示管理员
5	Sex	char	2	0			是		性别
6	RealName	nvarchar	20	0			是		真实姓名
7	Telephone	nvarchar	20	0			是		电话
8	Address	nvarchar	100	0			是		地址

6.3 CSS+div 布局网站首页

网站首页由♯head、♯menu、♯left、♯right 和♯foot 5 个功能区组成,分别承担如下功能。

(1) ♯head 区:网站的头部,由 Logo 图片等组成,宽 1000px。

(2) ♯menu 区:菜单区,宽 1000px,高 30px。

(3) #left区：网站的左部，有用户登录、图书类别分类等功能，宽200px，高600px。
(4) #right区：网站内容显示区，宽800px，高600px。
(5) #foot区：网站的底部，显示网站的版权信息，宽1000px，高100px。

网站将采用CSS+div布局方法布局，首页布局草图如图6-13所示。

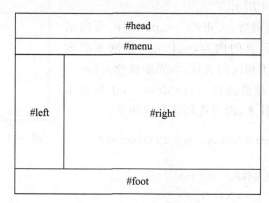

图6-13　首页布局草图

下面将先介绍CSS+div布局的相关技术，然后用CSS+div布局首页。

6.3.1　CSS概述

网页主要由结构(包含内容)、表现、行为三部分组成，如<div>、<body>、<head>、<title>、<table>、<tr>、<td>、<p>等都是用来描述网页结构的标签，而<font>、<color>、<text-decoration>等都是用来描述网页的表现，即结构是网页的架构，表现用来对网页进行修饰(字体、颜色、字号)；网页的行为可以用JavaScript技术来实现。此处我们主要关注网页的结构和表现，如果不使用CSS技术，网页的结构、内容、表现都是由HTML来实现，给网站的开发和维护等工作带来很多不便，因此产生了网页的结构和表现进行分离的需求。

CSS(Cascading Style Sheet)即层叠样式表，它是一种用于控制网页样式并允许样式信息与网页内容分离的一种标记性语言。看下面一段没有使用CSS的网页代码。

```
<html xmlns="http://www.w3.org/1999/xhtml">
<head runat="server">
    <title></title>
</head>
<body>
    <form id="form1" runat="server">
    <div>
        <p><font color="blue">同志们好！！！</font></p>
        <p><font color="blue">首长好！！！</font></p>
        <p><font color="blue">同志们辛苦了！！！</font></p>
        <p><font color="blue">首长辛苦了！！！</font></p>
```

```
            </div>
        </form>
    </body>
</html>
```

网页效果如图 6-14 所示。

从上面 HTML 代码看，<div>、<p>是网页的结构，"同志们好!!!"是网页的内容，<font>是网页的表现，每一行文字都使用了相同的表现，如果要修改<font>中的字体颜色，那么就要修改每一行<font>，工作效率很低。如果采用 CSS 技术，网页代码就变成如下：

图 6-14 普通页面网页效果

```
<html xmlns="http://www.w3.org/1999/xhtml">
<head runat="server">
    <title>CSS 技术引入</title>
    <style type="text/css">
        p
        {
            color: Blue;
        }
    </style>
</head>
<body>
    <form id="form1" runat="server">
    <div>
        <p>同志们好!!!</p>
        <p>首长好!!!</p>
        <p>同志们辛苦了!!!</p>
        <p>首长辛苦了!!!</p>
    </div>
    </form>
</body>
</html>
```

从代码看，<p>中的字体颜色设置没有了，只剩下内容和段落标记，同时在<head>节中增加了以下代码：

```
<style type="text/css">
    p
    {
        color: Blue;
    }
</style>
```

这就是 CSS 样式，通过<style>中定义了<p>的样式 p，把样式内容写在{}中，属性和值用":"分隔,type 属性规定了被链接的文档和资源的 MIME 类型。如上代码定义了字体颜色为蓝色,网页浏览结果和不使用 CSS 的网页效果一样。下面简单介绍 HTML 中使用 CSS 的基本技术。

1. 链接式样式表

在上面的例子中 CSS 代码是写在 HTML 文件的＜head＞中的,在实际中由于 CSS 代码量较大,往往使用一个单独文件来编写 CSS 代码,这样就要使用链接式样式表了,链接代码也是写在＜head＞中。先来新建一个样式文件,如图 6-15 所示。

图 6-15 新建样式文件

在样式文件中输入＜p＞的样式 p,如图 6-16 所示。

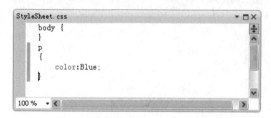

图 6-16 添加样式

然后新建一个 Web 窗体,在＜head＞中链接样式表 StyleSheet.css,代码如下:

```
<html xmlns="http://www.w3.org/1999/xhtml">
<head runat="server">
    <title></title>
    <link type="text/css" href="StyleSheet.css" rel="Stylesheet"/>
</head>
<body>
    <form id="form1" runat="server">
```

```
        <div>
            <p>同志们好!!!</p>
            <p>首长好!!!</p>
            <p>同志们辛苦了!!!</p>
            <p>首长辛苦了!!!</p>
        </div>
    </form>
</body>
</html>
```

2. 标记选择器

在 HTML 页面中有很多标记,如<body>、<p>、<h1>等,标记选择器是用来定义哪些标记采用哪些样式的,如上边就定义了标记<p>的样式 p。

```
p
{
    color: Blue;
}
```

在这个例子中,p 是选择器,color 是属性,Blue 是值。

3. 类别选择器

使用标记选择器时页面中所有的相应标签都会发生变化,如上面 4 个<p>所对应的内容都变成了蓝色,如果想要后面 2 个<p>的内容变成红色,就要引入类别选择器。不管什么标签,只要它的类别选择器相同,都会按照类别选择器的样式显示,如图 6-17 所示。

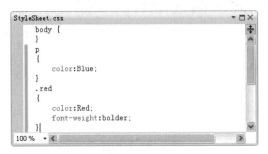

图 6-17 类别选择器

类别选择器在样式表中以"."开始,表示这个选择器是类别选择器,名字不像标记选择是标准的,可以自己定义(如 red),代码如下:

```
<html xmlns="http://www.w3.org/1999/xhtml">
<head runat="server">
    <title></title>
    <link type="text/css" href="StyleSheet.css" rel="Stylesheet"/>
</head>
```

```
<body>
    <form id="form1" runat="server">
    <div>
        <p>同志们好!!!</p>
        <p>首长好!!!</p>
        <p class="red">同志们辛苦了!!!</p>
        <p class="red">首长辛苦了!!!</p>
    </div>
    </form>
</body>
</html>
```

此处类别选择器 red 定义的样式是红色加粗,效果如图 6-18 所示。

图 6-18　类别选择器

4. ID 选择器

ID 选择器只针对某个标签,不针对一类标签,使用方法和 class 选择器基本相同。在样式表中名字以 # 开始,如图 6-19 所示。

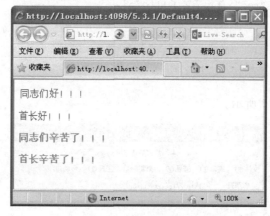

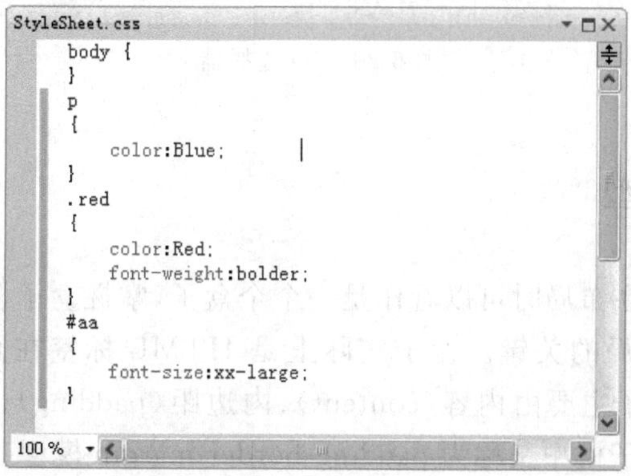

图 6-19　ID 选择器

如上所示定义了 ID 选择器♯aa,定义样式效果为字体变大,HTML 代码如下:

```
<html xmlns="http://www.w3.org/1999/xhtml">
<head runat="server">
    <title></title>
    <link type="text/css" href="StyleSheet.css" rel="Stylesheet"/>
</head>
<body>
    <form id="form1" runat="server">
    <div>
        <p>同志们好!!!</p>
        <p id="aa">首长好!!!</p>
        <p class="red">同志们辛苦了!!!</p>
        <p class="red">首长辛苦了!!!</p>
    </div>
    </form>
</body>
</html>
```

显示效果如图 6-20 所示。

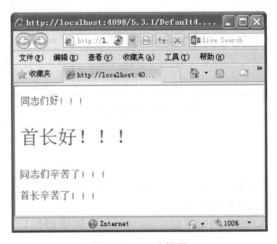

图 6-20　ID 选择器

6.3.2　CSS 盒子模型

　　HTML 中的标签在布局时可以看作是一个个盒子,掌握盒子模型和盒子的浮动与定位是学会 CSS+div 布局的关键。盒子实际上是 HTML 标签在页面上占有的空间,如图 6-21 所示。一个盒子主要由内容(content)、内边距(padding)、边框(border)、外边距(margin)组成,因此盒子模型又称为 padding-border-margin 模型。

　　内边距包括上内边距(padding-top)、下内边距(padding-bottom)、左内边距(padding-

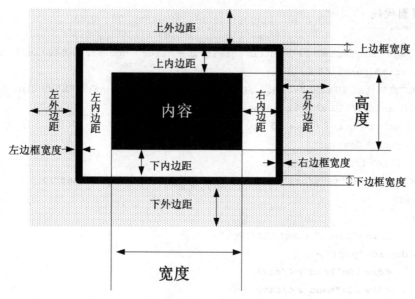

图 6-21 盒子模型

left)和右内边距(padding-right),外边距包括上外边距(margin-top)、下外边距(margin-bottom)、左外边距(margin-left)和右外边距(margin-right)。边框包括上边框(border-top)、下边框(border-bottom)、左边框(border-left)和右边框(border-right)。一个盒子的实际宽度是由"内容宽度+左内边距+右内边距+左边框宽度+右边框宽度+左外边距+右外边距"组成的,盒子的高度同理可得,在 CSS 中一个 div 或者其他标签的宽度和高度实际上是指内容的宽度和高度。

1. 标准流

在网页布局中不使用特定的定位和布局手段时,网页会有自己默认的布局方式,这就是标准流。在标准流中块级元素和行内元素的排列方式是不一样的。在 HTML 中,<div>、<p>、<table>等标签称为块级元素,即在布局时同一级的块与块之间是纵向排列,左右撑满。对于文字、<span>等是行内元素,元素之间是横向排列,到最右端自动换行。

2. 浮动

在 CSS 中有个 float 属性,默认为 none,也就是网页采用标准流布局。如果将 float 属性值设置为 left 或者 right,元素就会向其父元素的左侧或者右侧靠紧,同时在默认情况下,盒子的宽度不再伸展,而是收缩,根据盒子内容的宽度来确定。

6.3.3 网站首页布局

根据布局草图来设计网站首页的布局,先新建一个网站,添加 Default.aspx 页面,设计页面代码和样式。

1. 页面代码

```
<%@ Page Language="C#" AutoEventWireup="true" CodeFile="Default.aspx.cs" Inherits="_Default" %>
<!DOCTYPE html PUBLIC "-//W3C//DTD XHTML 1.0 Transitional//EN" "http://www.w3.org/TR/xhtml1/DTD/xhtml1-transitional.dtd">
<html xmlns="http://www.w3.org/1999/xhtml">
<head runat="server">
    <title></title>
    <link type="text/css" href="WebSite.css" rel="Stylesheet"/>
</head>
<body>
    <form id="form1" runat="server">
    <div id="page" >
        <div id="head"></div>
        <div id="menu"></div>
        <div id="left"></div>
        <div id="right"></div>
        <div id="foot">
        </div>
    </div>
    </form>
</body>
</html>
```

使用链接式样式表连接样式文件 WebSite.css，在 Web 窗体中有一个＜div class＝page＞，在块内包含了布局草图中的各个块。

2. 样式文件

为了区分各个块，给各个块定义背景颜色，根据草图的设计参数确定各个块的大小。WebSite.css 文件具体代码如下：

```
#page
{
    margin: 0 auto;
    width: 1000px;
}
#head
{
    width: 1000px;
    height: 100px;
    background-color: Black;
}
```

```
#menu
{
    width: 1000px;
    height: 30px;
    background-color: Gray;
}
#left
{
    width: 200px;
    height: 300px;
    background-color: Green;
}
#right
{
    width: 800px;
    height: 300px;
    background-color: Black;
}
#foot
{
    width: 1000px;
    height: 50px;
    background-color: Yellow;
}
```

浏览网页,显示如图 6-22 所示。

图 6-22 首页布局(一)

从图 6-22 中可以看出,各个块垂直排列,并没有按照草图实现 left 和 right 块并排布局,这里就需要使用浮动技术,让 left 和 right 块脱离标准流,让 left 向左浮动,让 right 块向右浮动,代码如下:

```css
#page
{
    margin: 0 auto;
    width: 1000px;
}
#head
{
    width: 1000px;
    height: 100px;
    background-color: Black;
}
#menu
{
    width: 1000px;
    height: 30px;
    background-color: Gray;
}
#left
{
    width: 200px;
    height: 300px;
    background-color: Green;
    float: left;
}
#right
{
    width: 800px;
    height: 300px;
    background-color: Black;
    float: right;
}
#foot
{
    width: 1000px;
    height: 50px;
    background-color: Yellow;
}
```

如上代码给 left 和 right 块设置了 float 属性，网页效果如图 6-23 所示。

如图 6-23 所示，left 和 right 块的布局和草图一致，但 foot 块丢失了，其实是 foot 块被 left 和 right 块盖住了，因为 foot 块还在标准流中，left 和 right 块浮在标准流的上面，位置和 foot 块重叠了，因此需要用 clear：both 来清除浮动对 foot 块的影响。修改 WebSite.css 的 ♯foot 代码：

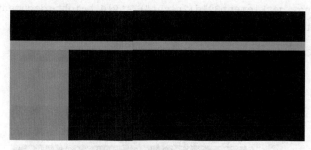

图 6-23　首页布局(二)

```
#foot
{
    width: 1000px;
    height: 50px;
    background-color: Yellow;
    clear: both;
}
```

浏览网页,效果如图 6-24 所示。

图 6-24　首页布局(三)

3. 使用 JavaScript 脚本对齐 left 块和 right 块

如果修改 right 块的高度为 400px,图 6-25 中 left 块和 right 块就不对齐了,在实际网页中 right 块的内容的高度是会变化的,那就会使网页出现破损的现象,下面用 JavaScript 脚本来解决这个问题。在页面的＜head＞节中增加如下代码:

```
<script type="text/javascript">
window.onload=window.onresize=function () {
    if (document.getElementById("left").offsetHeight< document.getElementById
    ("right").offsetHeight) {
        document.getElementById("left").style.height= document.getElementById
        ("right").offsetHeight+ "px";
    }
    else {
```

```
                document.getElementById("right").style.height=document.getElementById
                ("left").offsetHeight+"px";
        }
    }
</script>
```

图 6-25　首页布局(四)

这样无论如何改变 left 块和 right 块的高度都可以实现对齐的效果。下面对代码进行解释。

（1）document.getElementById()：这个函数是根据 ID 值获取页面中的对象，如某个文本框、div 等。

（2）style.height 和 offsetHeight：style.height 和 offsetHeight 都能获取块 div 的高度，但 style.height 只能在行内样式设置了 div 的 height 才能获取到，显然此处采用链接式，因此可以对 style.height 进行赋值但不能获取值，类似于只写属性。offsetHeight 可以直接获取网页中 div 的高度但不能对它进行赋值，类似于只读属性。

6.4　本章小结

网页主要由结构(包含内容)、表现、行为三部分组成。

CSS(Cascading Style Sheet)即层叠样式表，它是一种用于控制网页样式并允许样式信息与网页内容分离的一种标记性语言。

盒子实际上是 HTML 标签在页面上占有的空间，一个盒子主要由内容(content)、内边距(padding)、边框(border)和外边距(margin)组成，因此盒子模型又称为 padding-border-margin 模型。

在网页布局中不使用特定的定位和布局手段时，网页会有自己默认的布局方式，这就是标准流。在标准流中块级元素和行内元素的排列方式是不一样的。

在 CSS 中有个 float 属性，默认为 none，也就是网页采用标准流布局。如果将 float 属性值设置为 left 或者 right，元素就会向其父元素的左侧或者右侧靠紧。

style.height 和 offsetHeight 都能获取块 div 的高度，但 style.height 只能在行内样式设置了 div 的 height 才能获取到。offsetHeight 可以直接获取网页中 div 的高度但不能对它进行赋值,类似于只读属性。

6.5 本章习题

6.5.1 理论练习

1. 下面( )是块级元素。
   A. div   B. font   C. span   D. href
2. 下面( )不是网页的主要组成部分。
   A. 结构   B. 表现   C. 行为   D. 大小
3. 如果用一张表来存放订单的所有信息会导致( )。
   A. 数据存储的冗余   B. 增加编程的难度
4. p 属于( )。
   A. 标记选择器   B. 类别选择器   C. ID 选择器
5. .pp 属于( )。
   A. 标记选择器   B. 类别选择器   C. ID 选择器
6. #p 属于( )。
   A. 标记选择器   B. 类别选择器   C. ID 选择器
7. ( )属性用来设置 CSS 的浮动。
   A. float   B. clear   C. link   D. href
8. ( )属性用来清除 CSS 的浮动。
   A. float   B. clear   C. link   D. href
9. ( )表示边框。
   A. border   B. padding   C. margin   D. href
10. ( )表示外边距。
    A. border   B. padding   C. margin   D. href

6.5.2 实践操作

1. 浏览淘宝主页 http://www.taobao.com,分析淘宝首页的布局,采用 CSS+div 完成布局。
2. 实验下面 JavaScript 代码的运行结果。

```
<script type="text/javascript">
document.write("Hello World!")
</script>
```

第 7 章 首页设计

本章任务

(1) 熟练使用母版页、菜单、Repeater 控件。
(2) 熟练使用 DataList 控件、站点导航、站点地图。
(3) 设计和实现网站首页。

7.1 首页中的母版页

本章要完成的首页如图 7-1 所示。

图 7-1 首页

7.1.1 创建和使用母版页

从简易网上书店的页面看，♯head 区、♯menu 区、♯left 区、♯foot 区在很多页面中是一样的，♯right 区在不同页面中是不一样的，因此可以把 ♯head 区、♯menu 区、♯left 区、♯foot 区的内容放在母版页中，♯right 区作为内容页，当用户请求内容页时，这些内容页将与母版页合并，从而产生将母版页的布局与内容页中的内容组合在一起的输出。

在 ASP.NET 中，母版页的使用与普通页面类似，可以在其中放置任何 HTML 控件和 Web 控件，也可以编写后置代码。母版页的扩展名以 Master 结尾，不能直接运行母版页，母版页必须在被其他页面（内容页）使用后才能进行显示。与普通页面不一样的是，母版页可以包含 ContentPlaceHolder 控件，ContentPlaceHolder 控件所在的区域用来显示内容页的内容，在首页中就是 ♯right 区的内容。下面来创建和使用母版页。

启动 Visual Studio 2010，执行"文件"→"新建"→"项目"命令，选择 ASP.NET Web 应用程序，名称为 OnlineBook，如图 7-2 所示。

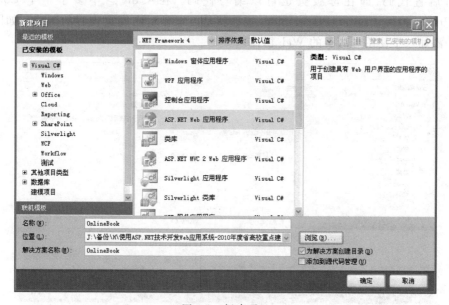

图 7-2 新建项目

这种创建 Web 应用程序的方式和前面的方式略有不同，这种方式的解决方案文件和网站都在 OnlineBook 文件夹中，Visual Studio 2010 同时生成了一些系统会用到的默认文件，可以把 Default.aspx、Site.Master、Web.Config、Account 等删除，可以自己根据需要创建相应的文件和文件夹。

添加新建项，选择母版页，命名母版页为 Main.Master，代码如下：

```
<%@ Master Language="C#" AutoEventWireup="true" CodeBehind="Main.master.cs"
Inherits="OnlineBook.Main" %>
<!DOCTYPE html PUBLIC "-//W3C//DTD XHTML 1.0 Transitional//EN"
```

```
"http://www.w3.org/TR/xhtml1/DTD/xhtml1-transitional.dtd">
<html xmlns="http://www.w3.org/1999/xhtml">
<head runat="server">
    <title></title>
</head>
<body>
    <form id="form1" runat="server">
    <div>
        <asp: ContentPlaceHolder ID="ContentPlaceHolder1" runat="server">
        </asp: ContentPlaceHolder>
    </div>
    </form>
</body>
</html>
```

从代码第一行看,与普通页相比@page 指令换成了@Master 指令,与普通 Web 窗体类似有后置代码,即在母版页也可以编写代码。在＜div＞中多了一个 ContentPlaceHolder 控件,ContentPlaceHolder 控件就是可以显示内容页内容的区域。如图 7-3 所示为添加一个使用母版页的 Web 窗体。

图 7-3　添加使用母版页的 Web 窗体

选择母版 Main.Master 得到 Default.aspx,代码如下：

```
<%@ Page Title="" Language="C#" MasterPageFile="~/Main.Master" AutoEventWireup=
"true"
CodeBehind="Default.aspx.cs" Inherits="OnlineBook.Default" %>
<asp: Content ID="Content2" ContentPlaceHolderID="ContentPlaceHolder1" runat=
"server">
</asp: Content>
```

从@page 指令看，Default.asp 使用了母版页 Main.Master，具有后置代码 Default.aspx.cs。由于使用了母版页，因此页面代码中没有＜body＞、＜form＞等标签，只有一个 Content 控件，Content 控件中的 ContentPlaceHolder 控件 ID 与母版页中的 ContentPlaceHolder 控件 ID 一致，即 Default.aspx 中 Content2 中的页面内容将显示到母版页 ContentPlaceHolder1 中。

7.1.2 在母版页中布局

将第 6 章完成的首页布局的内容（＜head＞和 div）移植到母版页 Main.Master 中，同时把 WebSite.css 也复制到 Styles 文件夹中。Main.Master 页面代码如下：

```
<%@ Master Language="C#" AutoEventWireup="true" CodeBehind="Main.master.cs" Inherits="OnlineBook.Main" %>
<!DOCTYPE html PUBLIC "-//W3C//DTD XHTML 1.0 Transitional//EN"
"http://www.w3.org/TR/xhtml1/DTD/xhtml1-transitional.dtd">
<html xmlns="http://www.w3.org/1999/xhtml">
<head runat="server">
    <title>网上书店</title>
    <link href="Styles/WebSite.css" type="text/css" rel="Stylesheet"/>
    <script type="text/javascript">
    window.onload=window.onresize=function () {
    if (document.getElementById("left").offsetHeight< document.getElementById("right").offsetHeight) {
    document.getElementById(" left"). style. height = document. getElementById("right").offsetHeight+ "px";
    }
    else {
    document.getElementById(" right"). style. height = document. getElementById("left").offsetHeight+ "px";
    }
    }
    </script>
</head>
<body>
    <form id="form1" runat="server">
    <div id="page" >
        <div id="head"></div>
        <div id="menu"></div>
        <div id="left"></div>
        <div id="right">
            <asp: ContentPlaceHolder ID="ContentPlaceHolder1" runat="server">
            </asp: ContentPlaceHolder>
        </div>
```

```
            <div id="foot">
            </div>
        </div>
    </form>
</body>
</html>
```

在#right 区增加了一个 **ContentPlaceHolder**，在母版页中不需要也不能往 **ContentPlaceHolder** 控件区域放内容，应用这个母版的 Web 窗体在 **ContentPlaceHolder** 控件区域放置内容。

WebSite.css 代码如下：

```
#page
{
    margin: 0 auto;
    width: 1000px;
}
#head
{
    width: 1000px;
    height: 100px;
    background-color: Black;
}
#menu
{
    width: 1000px;
    height: 30px;
    background-color: Gray;
}
#left
{
    width: 200px;
    height: 300px;
    background-color: Green;
    float: left;
}
#right
{
    width: 800px;
    height: 300px;
    background-color: Black;
    float: right;
}
#foot
```

```
{
    width: 1000px;
    height: 50px;
    background-color: Yellow;
    clear: both;
}
```

浏览 Default.aspx 页面,如图 7-4 所示。

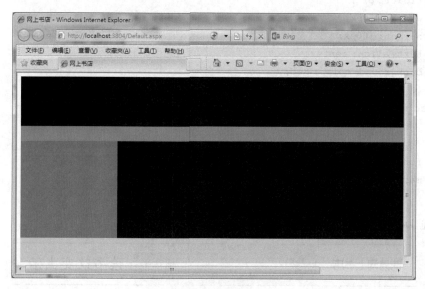

图 7-4　Default.aspx 页面

7.1.3　♯head 区设计

♯head 区分成三块,左边是一张图片,右边也是一张图片,中间是搜索功能区。在页面♯head 区中添加如下代码:

```
<div id="head">
    <div id="head_logo"><img alt="" src="/Image/head_websiteName.JPG"/></div>
    <div id="head_search"><asp:TextBox ID="txtSearch" runat="server" Width=
"250px" CssClass="head_search_align"></asp:TextBox>
        <asp:Button ID="btnSearch" runat="server" Text="搜索" Width="60px"
            CssClass="head_search_align" onclick="btnSearch_Click"/>
    </div>
    <img alt="" src="/Image/head_word.JPG"/>
</div>
```

在 WebSite.css 中添加 head_logo、head_search 和 head_search_align。

```
#head_logo
```

```
{
    float: left;
    width: 250px;
    height: 100px;
}
#head_search
{
    float: left;
    width: 450px;
    height: 100px;
    text-align: center;
    background-color: Red;
}
.head_search_align
{
    font-size: larger;
    margin-top: 40px;
}
```

浏览 Default.aspx 页面，♯head 区如图 7-5 所示。

图 7-5　♯head 区

7.2　菜单的设计

7.2.1　Menu 控件概述

在 Visual Studio 2010 工具箱中有一个 Menu 控件（见图 7-6），可以使用 Menu 控件开发 ASP.NET 网页的静态和动态显示菜单。

Menu 控件具有两种显示模式：静态模式和动态模式，可以通过在 Menu 控件的视图下拉菜单中设置，如图 7-7 所示。

图 7-6　Menu 控件

图 7-7　Menu 控件的视图下拉菜单

静态显示意味着 Menu 控件始终是完全展开的,整个结构都是可视的,用户可以单击任何部位。在动态显示的菜单中,只有指定的部分是静态的,当用户将鼠标指针放置在父节点上时会显示其子菜单项。

Menu 控件可通过绑定数据源来指定其显示内容,也可以通过其 Items 属性配置其内容。单击 Items 属性出现如图 7-8 所示对话框。

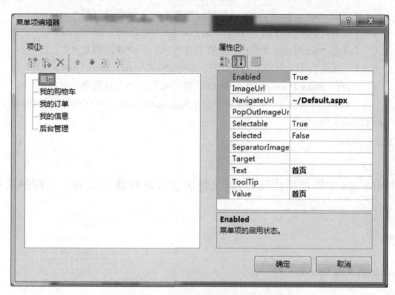

图 7-8 "菜单项编辑器"对话框

从图 7-8 中可见通过菜单项编辑器可以添加菜单项,同时可以设置菜单项链接的页面。如首页菜单项的 Text 值是"首页",NavigateURL 属性对应的页面是 Default.aspx,在服务器控件中~表示网站的根目录。下面介绍 Menu 控件的其他常用属性,如表 7-1 所示。

表 7-1 Menu 控件

属 性	说 明
Orientation	值为 Horizontal,则菜单横向显示;值为 Vertical,则菜单纵向显示
StaticDisplayLevels	静态显示的级数
MaximunDynamicDisplayLevels	动态显示支持的最多级数

7.2.2 首页中菜单设计

在♯menu 区中添加 Menu 控件,分别添加我的购物车、我的订单、我的信息、后台管理等菜单项,后台管理涉及多个页面,此处后台管理菜单项与密码修改页进行链接,♯menu 区的页面代码如下:

```
<div id="menu">
    <asp: Menu ID="Menu1" runat="server" Orientation="Horizontal" CssClass="nav"
```

```
                ForeColor="White">
                    <Items>
                        <asp: MenuItem Text="首页" Value="首页" NavigateUrl="~/Default.aspx">
                        </asp: MenuItem>
                        <asp: MenuItem Text="我的购物车" Value="我的购物车"
                            NavigateUrl="~/ShoppingCart.aspx"></asp: MenuItem>
                        <asp: MenuItem Text="我的订单" Value="我的订单"
                            NavigateUrl="~/MyOrder.aspx"></asp: MenuItem>
                        <asp: MenuItem Text="我的信息" Value="我的信息"
                            NavigateUrl="~/MyInfo.aspx"></asp: MenuItem>
                        <asp: MenuItem Text="后台管理" Value="后台管理"
                            NavigateUrl="~/Admin/ChangePassword.aspx"></asp: MenuItem>
                    </Items>
                </asp: Menu>
            </div>
```

在 WebSite.css 中添加后代选择器（又称为包含选择器）div.nav 来控制菜单的样式，代码如下：

```
div .nav
{
    padding: 8px 0px 4px 8px;
}
```

7.3 Repeater 控件显示图书分类

7.3.1 Repeater 控件概述

Repeater 控件用来显示一组数据项，比如数据库查询返回的数据集。Repeater 控件完全由模板驱动，不会自动生成任何用于布局的代码，甚至没有一个默认的外观，它完全是通过模板来控制，并且只能通过源代码视图进行模板编辑。

在页面中添加一个 Repeater 控件，在页面视图中输入＜按钮，显示如图 7-9 所示。可见 Repeater 控件支持 5 种模板。

（1）ItemTemplate：对每一个数据项进行格式设置。

（2）AlternatingItemTemplate：对交替数据项进行格式设置。

（3）SeparatorTemplate：对分隔符进行格式设置。

（4）HeaderTemplate：对页眉进行格式设置。

（5）FooterTemplate：对页脚进行格式设置。

一般来说，Repeater 控件显示的数据来自数据库查询，因此要通过 Repeater 控件的 DataSource 属性来设置数据源，DataBind()进行动态绑定。

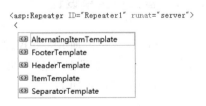

图 7-9　Repeater 控件模板

7.3.2 实现图书分类

在#left区添加一个Repeater控件,在代码视图中给ItemTemplate模板添加显示内容,代码如下:

```
<asp: Repeater ID="Repeater1" runat="server">
    <ItemTemplate>
        <p>
            <asp: HyperLink ID="category" runat="server" NavigateUrl='<%#"~/
            ShowBookByCategory.aspx?CategoryId="+Eval("CategoryId")%>'><%#
            Eval("CategoryName") %></asp: HyperLink>
        </p>
    </ItemTemplate>
</asp: Repeater>
```

在 ItemTemplate 模板中存放的是数据库查询结果中每一数据项的显示方式,在浏览页面时会根据 ItemTemplate 模板设置的格式重复显示数据库查询结果中的每一个数据项。如上代码中 ItemTemplate 模板中设置了一个 HyperLink 控件,链接的名称由<%#Eval("CategoryName") %>确定。

在页面中要嵌入服务器代码,需要把服务器代码嵌在"<%"和"%>"之间,在此处进行数据绑定,因此还要加#,同时用 Eval 方法来显示具体变量或者数据字段的值,如 Eval("CategoryName")就可以显示数据库查询返回的数据集中 CategoryName 字段的值。

HyperLink 控件的 NavigateUrl 值是一个链接,链接嵌入了一个查询字符串,键值为 CategoryId,值为 Eval("CategoryId"),Eval("CategoryId")表示数据库查询返回的数据集的 CategoryId 字段的值。

至此 Repeater 控件的页面代码编写完毕,需要在模板页的 Page_Load 方法中为 Repeater 控件设置数据源并进行动态绑定。

```
protected void Page_Load(object sender,EventArgs e)
{
    if (!this.IsPostBack)
    {
        string sql="select * from Category";
        DataTable dt=DataBase.GetDataSet(sql);
        this.Repeater1.DataSource=dt;
        this.Repeater1.DataBind();
    }
}
```

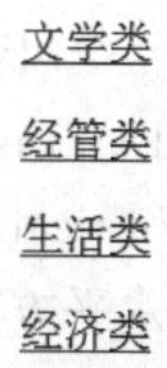

<u>文学类</u>
<u>经管类</u>
<u>生活类</u>
<u>经济类</u>

图 7-10 图书分类

浏览 Default.aspx 页面,Repeater 控件显示如图 7-10 所示。
此处 IsPostBack 是当前页面对象的一个属性,可用来判断当前页面是首次加载,还是数据回传页面。如果 IsPostBack 属性值为 false,则页面是首次加载;如果值为 true,则页面为数据回传页面。在此处,只有页面第一次加载时才需要访问数据库。

7.4 DataList 控件显示图书

DataList 控件是.NET 中的一个控件,以表的形式呈现数据,通过该控件,可以使用不同的布局来显示数据记录,例如,将数据记录排成列或行的形式。在页面中添加一个 DataList 控件,单击 DataList 控件的>按钮,结果如图 7-11 所示。

图 7-11 DataList 任务

单击"编辑模板",在 ItemTemplate 模板中添加一个 HyperLink 控件、2 个 Label 控件,分别用来显示图书的图片、书名和售价,如图 7-12 所示。

分别给 3 个控件进行配置,页面代码如下:

```
<asp:DataList ID="DataList1" runat="server"
Width="138px" Height="125px" RepeatColumns="3"
RepeatDirection="Horizontal">
    <ItemTemplate>
        <asp:HyperLink ID="HyperLink5" runat="server" ImageUrl='<%# Eval
("BookImage") %>' NavigateUrl='<%# "~/BookDetail.aspx?BookId="+Eval
("BookId") %>'>HyperLink</asp:HyperLink>
        <br/>
        <asp:Label ID="Label5" runat="server" Text='<%# Eval("BookName") %>'>
        </asp:Label>
        <br/>
        <asp:Label ID="Label6" runat="server" Text='<%# Eval("SalePrice") %>'>
        </asp:Label>
    </ItemTemplate>
</asp:DataList>
```

图 7-12 编辑 ItemTemplate

DataList 控件的 RepeatDirection 属性用来设置布局的方向,Horizontal 表示水平方向,Vertical 表示纵向。RepeatColumns 属性用来设置在布局方向上放几个项,如图 7-11 中在水平方向上放 3 个项,第 4 个项就需要放在第二行。

Label5 的 Text 属性通过 Eval("BookName")绑定了 Book 表的 BookName 字段,Label6 的 Text 属性通过 Eval("SalePrice")绑定了 Book 表的 SalePrice 字段。HyperLink5 采用图片链接的方式,图片通过 ImageUrl 属性设置,Eval("BookImage")表

示图片的路径来自 Book 表的 **BookImage** 字段。图片对应的链接通过 NavigateUrl 属性设置，这个链接指向的网页用来显示这个图片对应图书的详细信息。

下面设置 DataList 控件对应的数据源，代码写在 Default.aspx 的 Page_Load 方法中，代码如下：

```
protected void Page_Load(object sender,EventArgs e)
    {
        if (!IsPostBack)
        {
            string sql="select top 6 * from Book where IsHot='是'";
            DataTable dt=DataBase.GetDataSet(sql);
            this.DataList1.DataSource=dt;
            this.DataList1.DataBind();
        }
    }
```

由于首页中显示的是被推荐的图书信息，因此 where 条件中加了 **IsHot**＝'是'，另外首页显示的空间有限，因此只显示 6 本书。浏览网页，DataList 控件显示的效果如图 7-13 所示。

图 7-13 DataList 控件显示效果

7.5 搜索功能实现

搜索的界面如图 7-14 所示。

图 7-14 搜索的界面

搜索是网站中十分重要的一项功能,让用户在文本框中输入关键字,单击"搜索"按钮显示相应的图书信息。我们需要建立一个 Web 页面 ShowBookByKey.aspx 专门处理客户的搜索,但搜索的关键字输入在 Default.aspx 中,因此写代码要从首页转到 ShowBookByKey.aspx 页面。

```
protected void btnSearch_Click(object sender,EventArgs e)
    {
        this.Response.Redirect("ShowBookByKey.aspx?KeyWord="+this.txtSearch.Text);
    }
```

上面是"搜索"按钮的单击事件关联的方法,通过 Response.Redirect 重定向到 ShowBookByKey.aspx 页面,并传递参数 KeyWord,值为搜索文本框的内容。

ShowBookByKey.aspx 的页面代码和 Default.aspx 几乎是一样的,但 ShowBookByKey.aspx 的程序代码和 Default.aspx 是不一样的,ShowBookByKey.aspx 页面中的 DataList 控件的数据源是根据搜索关键字查询的结果。在 ShowBookByKey.aspx 页面的 Page_Load 方法中输入如下代码:

```
protected void Page_Load(object sender,EventArgs e)
    {
        if (!IsPostBack)
        {
            string sql="select * from Book where BookName like '%"+this.Request["KeyWord"]+"%'";
            DataTable dt=DataBase.GetDataSet(sql);
            this.DataList1.DataSource=dt;
            this.DataList1.DataBind();
        }
    }
```

在 SQL 语句中使用了 like 关键字实现模糊查询,使用方法为"like   %关键字%"。浏览 Default.aspx 页面,在搜索框中输入"毕业",如图 7-15 所示。

单击"搜索"按钮,搜索结果如图 7-16 所示。

第7章 首页设计

图 7-15 搜索

图 7-16 搜索结果

7.6 站点导航

站点导航是 Web 开发中很常见的模块，早期由于没有一个简便的方式，产生了很多导航方式，但其本质是在页面中放置超链接，这些方式的缺点是不宜维护，导航不可以集中管理。为了解决这个问题，ASP.NET 提供了一些 Menu、SiteMapPath、TreeView 等导航控件,如图 7-17 所示。本节主要介绍 SiteMapPath 在首页中的应用。

SiteMapPath 控件是一种站点导航控件,提供了一种定位站点的方式,动态显示当前页在站点中的相对位置,并提供了从当前页向上跳转的快捷方式,如图 7-18 所示。

图 7-17　导航控件

首页 > 后台管理 > 添加分类

图 7-18　SiteMapPath 导航

SiteMapPath 导航控件的数据来自一个称为站点地图(Web.sitemap)的 XML 文件,可以通过添加新项添加这个 XML 文件,一个网站中只允许一个 Web.sitemap。SiteMapPath 导航控件会自动读取 Web.sitemap 的数据。本系统中 Web.sitemap 的数据如下:

```xml
<?xml version="1.0" encoding="utf-8" ?>
<siteMap xmlns="http://schemas.microsoft.com/AspNet/SiteMap-File-1.0" >
    <siteMapNode url="Default.aspx" title="首页" description="">
        <siteMapNode url="ShoppingCart.aspx" title="我的购物车" description=""/>
        <siteMapNode url="MyInfo.aspx" title="我的信息" description=""/>
        <siteMapNode url="MyOrder.aspx" title="我的订单" description="">
            <siteMapNode url="ExpressInfo.aspx" title="快递地址" description=""/>
        </siteMapNode>
        <siteMapNode url="BookDetail.aspx" title="图书详细" description=""/>
        <siteMapNode url="~\Admin\ChangePassword.aspx" title="后台管理" description="">
            <siteMapNode url="~\Admin\AddBook.aspx" title="添加图书" description=""/>
            <siteMapNode url="~\Admin\EditBook.aspx" title="编辑图书" description=""/>
            <siteMapNode url="~\Admin\AddCategory.aspx" title="添加分类" description=""/>
            <siteMapNode url="~\Admin\EditCategory.aspx" title="编辑分类" description=""/>
            <siteMapNode url="~\Admin\ManageOrder.aspx" title="订单管理" description=""/>
        </siteMapNode>
    </siteMapNode>
</siteMap>
```

下面介绍 Web.sitemap 的文件结构。

(1) siteMap 是根节点,一个站点地图只能有一个 siteMap。

(2) siteMapNode 是普通节点,对应一个页面,即一个节点描述一个页面。

(3) title 描述页面的名字,和 HTML 中的 Title 标记没有关系。

(4) url 描述页面的位置。

(5) description 是说明性文本。

(6) siteMap 节点下只能有一个 siteMapNode 节点。

在站点地图中,同一个 URL 仅能出现一次。

由于每个页面都需要进行站点导航,因此把 SiteMapPath 放在母版页的#right 区中,代码如下:

```
<div id="right">
    <asp: SiteMapPath ID="SiteMapPath1" runat="server"></asp: SiteMapPath>
    <hr/>
    <asp: ContentPlaceHolder ID="ContentPlaceHolder2" runat="server">
    </asp: ContentPlaceHolder>
</div>
```

如图 7-19 显示站点导航信息。

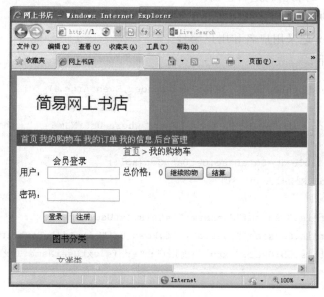

图 7-19　站点导航

7.7　登录功能实现

登录界面在#left 区中实现,位置在图书分类前,如图 7-20 所示。

页面代码如下:

```
<asp: Label ID="lblUser" runat="server" Text="会员登录"
BackColor="White"></asp: Label>
<br/>
<asp: Label ID="Label1" runat="server" Text="用户: ">
</asp: Label>
```

图 7-20　登录界面

```
<asp: TextBox ID="txtUserName" runat="server" style="margin-bottom: 0px" Width
="130px"></asp: TextBox>
<br/>
<br/>
<asp: Label ID="Label3" runat="server" Text="密码: "></asp: Label>
<asp: TextBox ID="txtPassword" runat="server" style="margin-bottom: 0px"
Width="130px" TextMode="Password"></asp: TextBox>
<br/>
<br/>
<asp: Button ID="btnLogin" runat="server" Text="登录" onclick="btnLogin_Click"/>
<asp: Button ID="btnRegister" runat="server" Text="注册"
onclick="btnRegister_Click"/>
```

登录代码写在 btnLogin 按钮的 btnLogin_Click 方法中,主要完成 3 个任务。

(1) 检测用户名和密码是否正确。

(2) 如果用户名和密码正确,在 lblUser 标签上显示用户名。

(3) 用 Sesson 记录用户名和用户编号。

详细代码如下：

```
protected void btnLogin_Click(object sender,EventArgs e)
    {
        string sql="select * from [User] where UserName='"+this.txtUserName.
        Text+"' and Password='"+this.txtPassword.Text+"'";
        DataTable dt=DataBase.GetDataSet(sql);
        if (dt.Rows.Count >0)
        {
            this.Session["UserName"]=this.txtUserName.Text;
            this.Session["UserId"]=dt.Rows[0]["UserId"].ToString();
            this.lblUser.Text="当前用户: "+this.txtUserName.Text;
        }
    }
```

7.8 本章小结

母版页的扩展名以.Master 结尾,不能运行,母版页被其他页面(内容页)使用后才能显示。

Menu 控件具有两种显示模式：静态模式和动态模式。

Repeater 控件用来显示一组数据项,完全由模板驱动,不会自动生成任何用于布局的代码,甚至没有一个默认的外观,它完全是通过模板来控制,并且只能通过源代码视图进行模板编辑。

DataList 控件以表的形式呈现数据,通过该控件可以使用不同的布局来显示数据记录。

SiteMapPath 控件是一种站点导航控件，提供了一种定位站点的方式，动态显示当前页在站点中的相对位置，并提供了从当前页向上跳转的快捷方式。

SiteMapPath 导航控件的数据来自一个称为站点地图（Web.sitemap）的 XML 文件，一个网站中只允许一个 Web.sitemap，在站点地图中，同一个 URL 仅能出现一次。

7.9 本章习题

7.9.1 理论练习

1. 一个站点可以有（　　）个母版页。
   A. 1　　　　　　　B. 2　　　　　　　C. 3　　　　　　　D. 任意
2. 一个母版页中可以有（　　）个 ContentPlaceHolder 控件。
   A. 1　　　　　　　B. 2　　　　　　　C. 3　　　　　　　D. 任意
3. Menu 控件可以有（　　）和（　　）两种使用方式。
   A. 动态　　　　　　B. 静态　　　　　　C. 固态　　　　　　D. 常态
4. Repeater 控件有（　　）个模板。
   A. 1　　　　　　　B. 3　　　　　　　C. 5　　　　　　　D. 7
5. Repeater 控件通过（　　）视图进行编辑。
   A. 设计　　　　　　B. 源　　　　　　　C. 设计或源
6. DataList 控件的 RepeatDirection 属性的作用是（　　）。
   A. 布局方向　　　　B. 确定行数　　　　C. 确定列数
7. HyperLink 控件的 ImageUrl 属性的作用是（　　）。
   A. 显示图片的 URL　B. 链接图片　　　　C. 链接名称
8. SiteMapPath 控件需要与（　　）配合使用。
   A. 站点地图　　　　B. 文本文件　　　　C. 数据库　　　　　D. 表格
9. 一个站点地图只能有（　　）个 siteMap。
   A. 1　　　　　　　B. 2　　　　　　　C. 3　　　　　　　D. 4
10. siteMap 下可以有（　　）个 siteMapNode。
    A. 1　　　　　　　B. 2　　　　　　　C. 4　　　　　　　D. 3

7.9.2 实践操作

1. 修改 #left 区，删除
 标记，添加 CSS 样式完善布局。
2. 尝试使用 Repeater 控件的 HeadTemplate 模板。
3. 修改登录功能，能检测用户输入的用户名是错误的。
4. 新建 ShowBookByCategory.aspx 页面，当用户在图书分类区单击相应的分类时，在 ShowBookByCategory.aspx 显示对应类别的图书。

第8章 实现购物流程

本章任务

(1) 熟练使用 DetailsView 控件、嵌套的 Repeater 控件。
(2) 设计和实现注册页面、我的信息页面、图书详细页面。
(3) 设计和实现购物车页面、我的订单页面。

8.1 实现注册页面

注册功能的入口在首页登录区,注册页面 Register.aspx 是独立的页面,而登录区属于母版页范畴,因此要在母版页编写代码重定向到 Register.aspx 页面。双击母版页的注册按钮,编写如下代码。

```
protected void btnRegister_Click(object sender,EventArgs e)
    {
        Response.Redirect("Register.aspx");
    }
```

8.1.1 注册页面设计

新建一个 Web 窗体命名为 Register.aspx,页面如图 8-1 所示。

如图 8-1 所示这个页面字段并不多,只有昵称、密码、性别、姓名、电话、地址等常用信息。昵称和密码是用户登录时必须要使用的,性别、姓名、电话、地址是图书快递时需要的信息。目前网民的个人隐私保护意识较强,一般不愿意填写过多的信息,因此在设计网页时并不是功能越多越好,而是要考虑用户的感受和体验。

注册页面的代码如下:

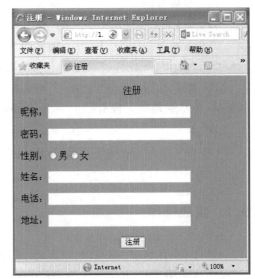

图 8-1 注册页面

```
<form id="form1" runat="server">
    <div id="register_page">
        <p style="text-align: center">注册</p>
```

```
<p>昵称:<asp: TextBox ID="txtUserName" runat="server" Width="250px">
</asp: TextBox></p>
<p>密码:< asp: TextBox ID=" txtPassword" runat =" server" TextMode=
"Password" Width="250px"></asp: TextBox></p>
<p>性别:<asp: RadioButton ID="rdoMale" runat="server" Text="男" GroupName=
"Sex"/>
    < asp: RadioButton ID="rdoFemale" runat="server" Text="女" GroupName=
    "Sex"/></p>
<p>姓名:<asp: TextBox ID="txtName" runat="server" Width="250px"></asp:
TextBox></p>
<p>电话:<asp: TextBox ID="txtTelephone" runat="server" Width="250px">
</asp: TextBox></p>
<p>地址:<asp: TextBox ID="txtAddress" runat="server" Width="250px">
</asp: TextBox></p>
<p style="text-align: center">< asp: Button ID="txtRegister" runat="
server" Text="注册"
            onclick="txtRegister_Click"/></p>
    </div>
    </form>
```

8.1.2 注册代码设计

注册功能的本质是把用户的信息添加到数据库 User 表中,在添加时要避免同一个昵称往数据库中添加 2 次,UserId 由数据库在插入记录时自动生成,代码如下:

```
protected void txtRegister_Click(object sender,EventArgs e)
{
    string sql="select * from [User] where UserName=@Username";
    SqlParameter[] sqlParamete=new SqlParameter[]
    {
        new SqlParameter("@Username",this.txtUserName.Text)
    };
    DataTable dt=DataBase.GetDataSet(sql,sqlParamete);
    if (dt.Rows.Count >0)
    {
        this.txtUserName.Text="已经存在这个用户名,请重新取名";
    }
    else
    {
        sql="insert into [User] (UserName,Password,Sex,RealName,Telephone,
        Address) values(@Username,@Password,@Sex,@RealName,@Telephone,@
        Address)";
```

```
            sqlParamete=new SqlParameter[]
            {
                new SqlParameter("@Username",this.txtUserName.Text),
                new SqlParameter("@Password",this.txtPassword.Text),
                new SqlParameter("@Sex",this.rdoFemale.Checked?"女":"男"),
                new SqlParameter("@RealName",this.txtName.Text),
                new SqlParameter("@Telephone",this.txtTelephone.Text),
                new SqlParameter("@Address",this.txtAddress.Text)
            };
            DataBase.ExecuteSql(sql,sqlParamete);
            this.Response.Redirect("Default.aspx");
        }
    }
```

从代码中可见,先查询用户昵称(UserName)是否在数据库中存在,若不存在再向数据库中添加用户注册信息。

8.1.3 注册页面测试

注册页面如图 8-2 所示。

单击"注册"按钮,页面回到了首页,用刚注册的用户名和密码登录,登录成功后页面如图 8-3 所示。

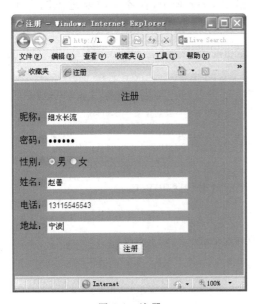

图 8-2 注册

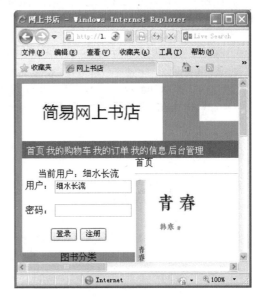

图 8-3 登录成功

如果用"细水长流"继续注册,就会出现如图 8-4 所示效果。

第8章 实现购物流程

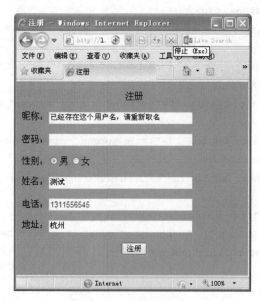

图 8-4 昵称不能重复注册

8.2 实现我的信息

用户登录后可以查看"我的信息","我的信息"是一个独立页面 MyInfo.aspx,显示用户在注册时填写的信息,当用户住址改变、换电话号码时需要更改我的信息。我的信息页面的入口在菜单中,如图 8-5 所示。

首页 我的购物车 我的订单 我的信息 后台管理

图 8-5 菜单

8.2.1 页面设计

新建一个 Web 窗体命名为 MyInfo.aspx,选择使用母版 Main.Master,界面如图 8-6 所示。

页面信息和注册页面类似,多了一个"修改"按钮,即用户可以在这个页面修改个人信息。页面代码如下:

```
<%@ Page Title="" Language="C#" MasterPageFile="~/Main.Master" AutoEventWireup=
"true" CodeBehind="MyInfo.aspx.cs" Inherits="OnlineBook.MyInfo" %>
<asp:Content ID="Content1" ContentPlaceHolderID="ContentPlaceHolder2" runat=
"server">
    <div id="register_page">
        <p style="text-align: center">我的信息</p>
        <p>昵称:<asp:TextBox ID="txtUserName" runat="server" Width="250px">
        </asp:TextBox></p>
        <p>密码:<asp:TextBox ID="txtPassword" runat="server" Width="250px">
```

143

```
            </asp:TextBox></p>
        <p>性别:<asp:RadioButton ID="rdoMale" runat="server" Text="男" GroupName=
        "Sex"/>
            <asp:RadioButton ID="rdoFemale" runat="server" Text="女" GroupName=
            "Sex"/></p>
        <p>姓名:<asp:TextBox ID="txtName" runat="server" Width="250px"></asp:
        TextBox></p>
        <p>电话:<asp:TextBox ID="txtTelephone" runat="server" Width="250px">
        </asp:TextBox></p>
        <p>地址:<asp:TextBox ID="txtAddress" runat="server" Width="250px"></asp:
        TextBox></p>
        <p style="text-align: center">
            <asp:Button ID="btnUpdate" runat="server" Text="修改" onclick="
            btnUpdate_Click"/></p>
    </div>
</asp:Content>
```

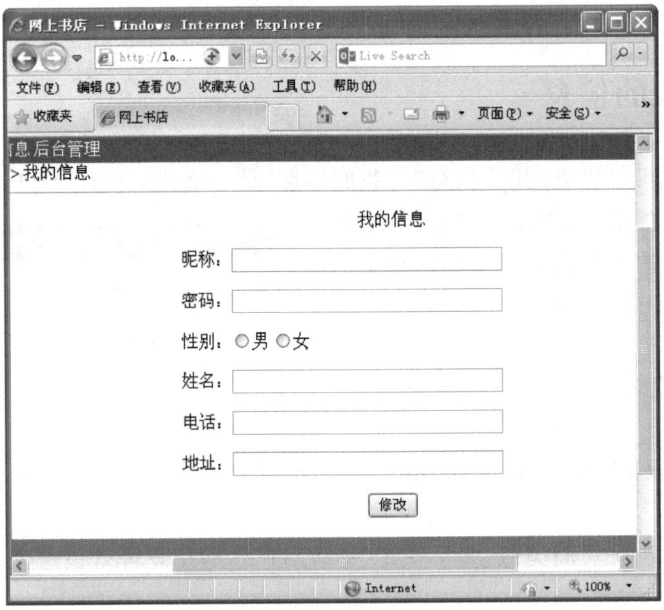

图 8-6　我的信息

8.2.2 代码实现

1. 用户信息显示代码

用户单击"我的信息"前要求先登录,在登录代码中用 Session 记录了 UserId 和 UserName 的值,因此在 MyInfo.aspx 的 Page_Load 方法中编写用户信息的显示代码。

```
protected void Page_Load(object sender,EventArgs e)
{
    if (!this.IsPostBack)
    {
        string sql="select * from [User] where UserId=@UserId";
        SqlParameter[] parameter=new SqlParameter[]
        {
            new SqlParameter("@UserId",Convert.ToInt32(this.Session["UserId"]))
        };
        DataTable dt=DataBase.GetDataSet(sql,parameter);
        if (dt.Rows.Count >0)
        {
            this.txtUserName.Text=dt.Rows[0]["UserName"].ToString();
            if (dt.Rows[0]["Sex"].ToString() =="男")
            {
                this.rdoMale.Checked=true;
            }
            else
            {
                this.rdoFemale.Checked=true;
            }
            this.txtName.Text=dt.Rows[0] ["RealName"].ToString();
            this.txtTelephone.Text=dt.Rows[0] ["Telephone"].ToString();
            this.txtAddress.Text=dt.Rows[0] ["Address"].ToString();
            this.txtPassword.Text=dt.Rows[0] ["Password"].ToString();
        }
    }
}
```

如上代码先通过 Session["UserId"])获取用户的 UserId 值,然后从数据库表 User 中查询用户的信息,由于 User 是数据库的关键字,因此在 SQL 语句中用[User]表示此处 User 是个表。查出用户的信息后逐条把各个字段值赋值给页面上的控件。

2. 修改信息代码

当用户信息修改后,单击"修改"按钮可以修改数据库中 User 表相应记录的信息,代码写在 btnUpdate_Click 方法中,代码如下:

```
protected void btnUpdate_Click(object sender,EventArgs e)
{
    string sql="update [User] set UserName=@UserName,Password=@Password,
    Telephone=@Telephone,Address=@Address where UserId=@UserId";
    SqlParameter[] parameter=new SqlParameter[]
```

```
            {
                new SqlParameter("@UserName",this.txtUserName.Text),
                new SqlParameter("@UserId",Convert.ToInt32(this.Session["UserId"])),
                new SqlParameter("@Password",this.txtPassword.Text),
                new SqlParameter("@Telephone",this.txtTelephone.Text),
                new SqlParameter("@Address",this.txtAddress.Text)

            };
            DataBase.ExecuteSql(sql,parameter);
        }
```

8.2.3 测试

浏览 Default.aspx 页面,输入用户名和密码,单击"登录"按钮,如图 8-7 所示。

图 8-7 登录

然后单击"我的信息",页面如图 8-8 所示。

修改地址为"宁波中山西路 200 号",单击"修改"按钮,页面进行了刷新,如图 8-9 所示。

从图 8-9 中可见地址信息已经改变。

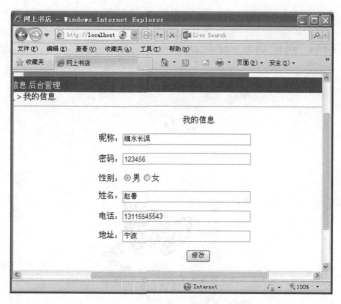

图 8-8 "我的信息"页面

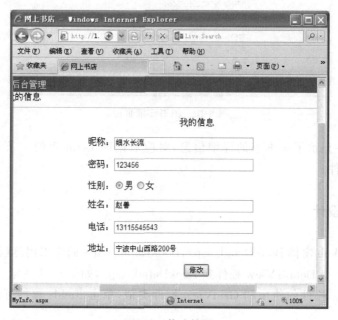

图 8-9 修改结果

8.3 图书详细页面

登录 Default.aspx 页面,在♯right 区显示了很多本图书的图片,单击图片就会显示这本书的详细信息,如图 8-10 所示。

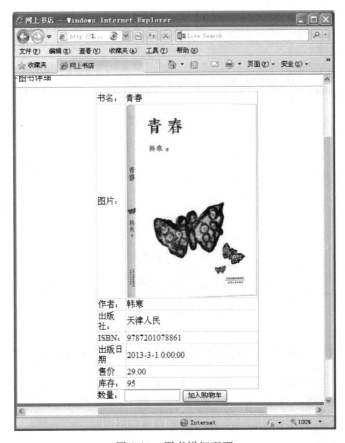

图 8-10 图书详细页面

显然页面中显示了一本书的详细信息,对应数据库 Book 表的一条记录,需要使用 DetailsView 控件。

8.3.1 页面设计

新建一个 Web 窗体 BookDetail.aspx,BookDetail.aspx 同样采用母版 Main.Master,从工具箱中拖一个 DetailsView 控件到 BookDetail.aspx,如图 8-11 所示。

DetailsView 控件的使用和 GridView 控件类似,单击 Fields 属性可以编辑字段,如图 8-12 所示。

如图 8-12 所示每个字段要设置 HeaderText 和 DataField,HeaderText 是字段的标题,DataField 和数据库表 Book 中的字段名字对应。书名、作者、出版社、ISBN、出版日期、售价、库存等字段采用绑定字段 BoundField,图片字段采用 ImageField。用户可以输入要购买的数量,因此添加用来输入数量的文本框和一个"加入购物车"按钮。页面代码如下:

```
<%@ Page Title="" Language="C#" MasterPageFile="~/Main.Master" AutoEventWireup=
```

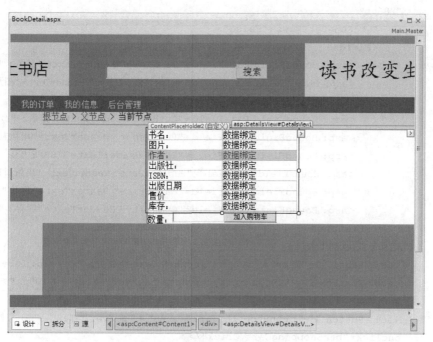

图 8-11 添加 DetailsView 控件

图 8-12 编辑字段

"true" CodeBehind="BookDetail.aspx.cs" Inherits="OnlineBook.BookDetail" %>
<asp: Content ID="Content1" ContentPlaceHolderID="ContentPlaceHolder2" runat="server">
　　<div style="margin-left: 200px; height: auto;">
　　　　<asp: DetailsView ID="DetailsView1" runat="server" Height="50px" Width=

```
                "286px"
                    AutoGenerateRows="False">
                    <Fields>
                        <asp: BoundField DataField="BookName" HeaderText="书名："/>
                        <asp: ImageField DataImageUrlField="BookImage" HeaderText="图片：">
                        </asp: ImageField>
                        <asp: BoundField DataField="Author" HeaderText="作者："/>
                        <asp: BoundField DataField="Publisher" HeaderText="出版社："/>
                        <asp: BoundField DataField="ISBN" HeaderText="ISBN："/>
                        <asp: BoundField DataField="PublishDate" HeaderText="出版日期"/>
                        <asp: BoundField DataField="SalePrice" HeaderText="售价"/>
                        <asp: BoundField DataField="Quantity" HeaderText="库存："/>
                    </Fields>
                </asp: DetailsView>
                <asp: Label ID="Label5" runat="server" Text="数量："></asp: Label>
                <asp: TextBox ID="txtQuantity" runat="server" Width="100px"></asp: TextBox>
                <asp: Button ID="btnShoppingCart" runat="server" Text="加入购物车" onclick="btnShoppingCart_Click"/>
            </div>
        </asp: Content>
```

8.3.2 代码实现

BookDetail.aspx程序代码的实现主要分为两部分，一部分是在页面打开时显示图书的详细信息，另一部分是当用户输入图书的数量并单击"加入购物车"按钮时把图书信息加入购物车。

1. 显示图书详细信息

用户先要登录，然后在Default.aspx页面中单击某本书，这时网页就会链接到BookDetail.aspx页面，要显示图书的详细信息，先要获取图书编号（BookId），可以用Request[BookId]来获取，然后根据BookId查询图书信息并把查询返回的数据集作为DetailsView控件的数据源，代码如下：

```
protected void Page_Load(object sender, EventArgs e)
{
    if (!this.IsPostBack)
    {
        string bookId=Request["BookId"];
        string sql="select * from Book where BookId="+bookId;
        DataTable dt=DataBase.GetDataSet(sql);
        this.DetailsView1.DataSource=dt;
```

```
            this.DetailsView1.DataBind();
        }
    }
```

2. 加入购物车

代码写在 btnShoppingCart_Click 方法中。

```
protected void btnShoppingCart_Click(object sender,EventArgs e)
    {
        string sql="insert into Cart (UserId, BookId, Quantity) values (@UserId,@
BookId,@Quantity)";
        SqlParameter[] sqlParameter=new SqlParameter[]
        {
            new SqlParameter("@UserId",Convert.ToInt32(Session["UserId"])),
            new SqlParameter("@BookId",Convert.ToInt32(Request["BookId"])),
            new SqlParameter("@Quantity",Convert.ToInt32(this.txtQuantity.Text))
        };
        DataBase.ExecuteSql(sql,sqlParameter);
        Response.Redirect("ShoppingCart.aspx");
    }
```

8.4 我的购物车

8.4.1 购物车业务流程

用户登录后,单击"我的购物车",可以显示当前用户的购物车信息,如图 8-13 所示。

图 8-13 我的购物车

选中某一项复选框，就会自动计算总价格，如图 8-14 所示。

图 8-14　自动计算总价格

若选中"全选"复选框，就会选中所有项，并自动计算总价格，如图 8-15 所示。

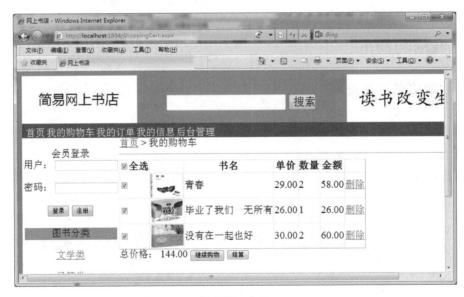

图 8-15　全选

若再次单击"全选"复选框，将使所有复选框处于不被选中状态，如图 8-16 所示。
若单击"继续购物"按钮，则重定向到首页，如图 8-17 所示。

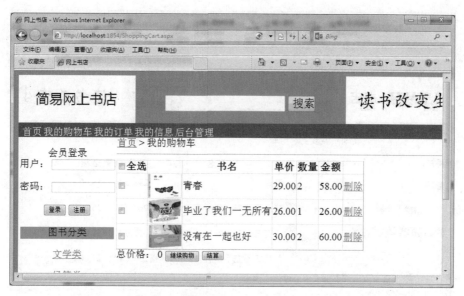

图 8-16　取消全选

图 8-17　首页

可以继续购物,选中一本书放入购物车,再次单击"我的购物车",如图 8-18 所示。

单击"删除"超链接,可以删除对应的项。如单击第一行的"删除"超链接,如图 8-19 所示。

至少选中其中一类商品,可以单击"结算"按钮,出现图 8-20。

图 8-18　我的购物车

图 8-19　删除

系统生成订单前请用户确认快递信息，这些信息来自 User 表，用户此时可以更改快递信息，再单击"订单生成"按钮，更改的快递信息记录在 Order 表中，不会更改 User 表的信息。

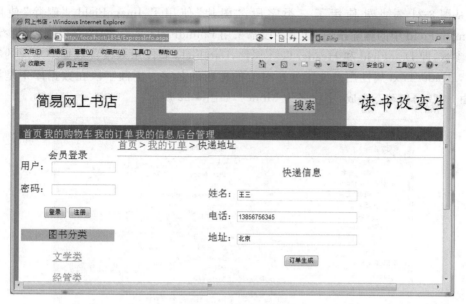

图 8-20　快递信息

8.4.2　页面设计

从"我的购物车"页面来看主体是一个 GridView 控件。新建一个 Web 窗体命名为 ShoppingCart.aspx，该窗体使用了母版 Main.Master。从工具箱拖放一个 GridView 控件，单击控件的＞按钮，单击"编辑列"，编辑相应的字段，如图 8-21 所示。

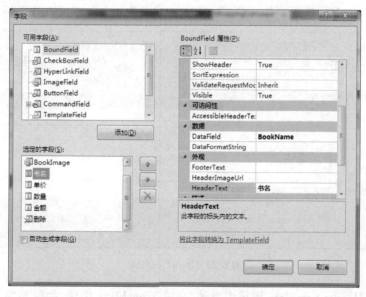

图 8-21　GridView 编辑列

从图 8-21 看此处使用了三类字段，"图片"使用了 ImageField，"删除"使用了 CommandField 中的删除按钮，其余字段都采用 BoundField 字段，每个字段都要至少设置两个参数，即 DataField 和 HeaderText 属性，DataField 属性用来设置数据集对应的字段名称，HeaderText 属性用来设置列所对应的标题的名字。金额字段在数据库中是没有的，由 SQL 语句动态生成，字段名为 Money，如图 8-22 所示。

图 8-22　金额字段

下面来为 GridView 中的每一项添加 CheckBox，单击控件的＞按钮，单击"编辑模板"，在 ItemTemplate 模板添加一个 CheckBox，命名为 chkSelect，如图 8-23 所示。

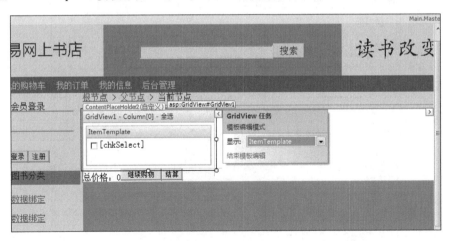

图 8-23　ItemTemplate

同理，在 HeaderTemplate 模板中添加"全选"CheckBox 按钮，如图 8-24 所示。单击"结束模板编辑"，如图 8-25 所示。

第8章 实现购物流程

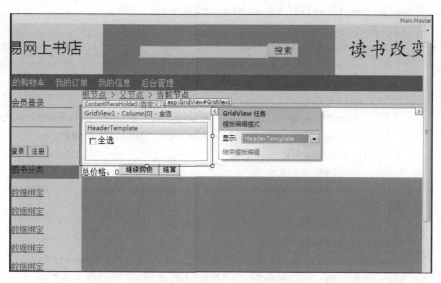

图 8-24　HeaderTemplate 模板

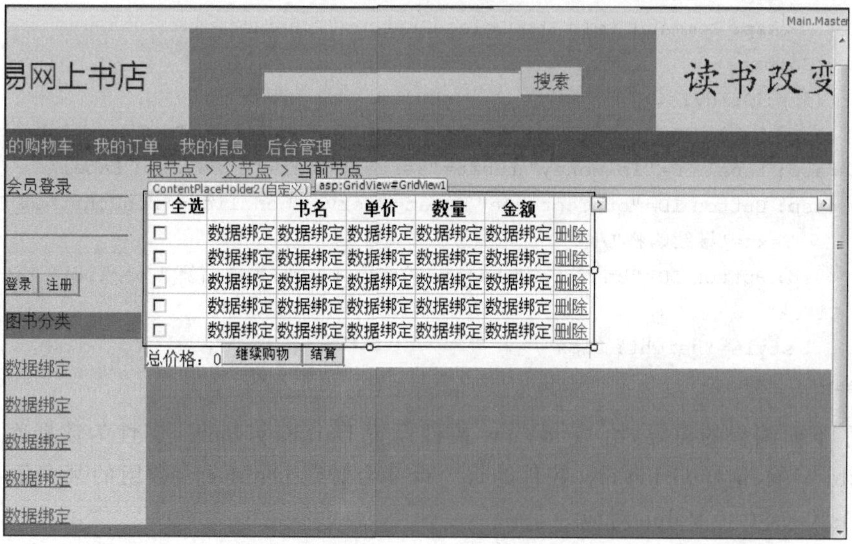

图 8-25　GridView 设计界面

最后在 GridView 控件的下面添加 2 个 Label 和 2 个按钮，其中一个 Label 用来显示总价格，2 个按钮分别是"继续购物"和"结算"。完整的页面代码如下：

```
<%@ Page Title="" Language="C#" MasterPageFile="~/Main.Master" AutoEventWireup=
"true" CodeBehind="ShoppingCart.aspx.cs" Inherits="OnlineBook.ShoppingCart" %>
<asp: Content ID="Content1" ContentPlaceHolderID="ContentPlaceHolder2" runat=
"server">
<asp: GridView ID="GridView1" runat="server" AutoGenerateColumns="False"
    DataKeyNames="BookId" onrowdeleting="GridView1_RowDeleting">
    <Columns>
```

157

```
<asp: TemplateField HeaderText="全选">
   <HeaderTemplate>
      <asp: CheckBox ID="chkSelectAll" runat="server" AutoPostBack="True"
         oncheckedchanged="chkSelectAll_CheckedChanged" Text="全选"/>
   </HeaderTemplate>
      <ItemTemplate>
         <asp: CheckBox ID="chkSelect" runat="server" AutoPostBack="True"
            oncheckedchanged="chkSelect_CheckedChanged"/>
      </ItemTemplate>
</asp: TemplateField>
<asp: ImageField DataImageUrlField="BookImage" DataImageUrlFormatString="
{0}">
   <ControlStyle Height="50px" Width="72px"/>
</asp: ImageField>
<asp: BoundField HeaderText="书名" DataField="BookName"/>
<asp: BoundField HeaderText="单价" DataField="SalePrice"/>
<asp: BoundField HeaderText="数量" DataField="Quantity"/>
<asp: BoundField DataField="Money" HeaderText="金额"/>
<asp: CommandField ShowDeleteButton="True"/>
   </Columns>
</asp: GridView>
<asp: Label ID="Label5" runat="server" Text="总价格: "></asp: Label>
<asp: Label ID="lblMoney" runat="server" Text="0"></asp: Label>
<asp: Button ID="btnContinue" runat="server" onclick="btnContinue_Click"
   Text="继续购物"/>
<asp: Button ID="btnTotal" runat="server" Text="结算" onclick="btnTotal_
Click"
   style="height: 21px"/>
</asp: Content>
```

为了下面编程的需要，给 GridView 控件设置 DataKeyNames 属性为数据库 Cart 表的 BookId 字段，这样 GridView 控件的每一行都会对应 DataKeys 数组的某个值，如第一行和 DataKeys[0].Value 对应。

8.4.3 代码实现

代码实现主要分为购物车信息显示、图书删除操作、图书选择、图书全选、继续购物、结算等功能的实现。

1. 购物车信息显示

当页面加载时就要显示购物车的信息，因此购物车信息显示代码要放在 Page_Load 事件代码中，当已登录的用户单击"我的购物车"时，程序要根据用户的 UserId 从 Cart 表中查询图书信息，但是在 Cart 表中只有 UserId、BookId、Quantity 3 个字段，因此要显示详细的信息还要和 Book 表进行关联查询。详细代码如下：

```
protected void Page_Load(object sender,EventArgs e)
{
    if (!this.IsPostBack)
    {
        string sql="select Book.BookId,BookName,BookImage,SalePrice,Cart.
        Quantity,SalePrice * Cart.Quantity as Money from Cart,Book where
        Cart.BookId=Book.BookId and Cart.UserId=@UserId";
        SqlParameter[] sqlParameter=new SqlParameter[]
        {
            new SqlParameter("@UserId",Convert.ToInt32(this.Session["UserId"]))
        };
        DataTable dt=DataBase.GetDataSet(sql,sqlParameter);
        this.GridView1.DataSource=dt;
        this.GridView1.DataBind();
    }
}
```

在代码中 SQL 语句中 SalePrice * Cart.Quantity as Money 临时创建了一个字段 Money，它是 Quantity 字段和 SalePrice 字段的乘积。

2. 图书删除操作

用户进入购物车页面后，发现有些书不要了，因此可以单击"删除"链接按钮进行删除，这个代码要写在 GridView 控件的 RowDeleting 事件代码中，如图 8-26 所示。

与这个事件对应的方法是 GridView1_RowDeleting，代码如下：

```
protected void GridView1_RowDeleting(object sender,GridViewDeleteEventArgs e)
{
    string BookId=this.GridView1.DataKeys[e.RowIndex].Value.ToString();
    string sql="delete from Cart where BookId=@BookId and UserId=@UserId";
    SqlParameter[] sqlParameter=new SqlParameter[]
    {
        new SqlParameter("@BookId",
        Convert.ToInt32(BookId)),
        new SqlParameter("@UserId",
        Convert.ToInt32(this.Session
        ["UserId"]))
    };
    DataBase.ExecuteSql(sql,sqlPar-
    ameter);
    this.Response.Redirect("Shopp-
    ingCart.aspx");
}
```

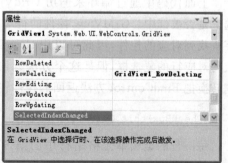

图 8-26 RowDeleting 事件

代码中 e 是从事件传回 GridView1_RowDeleting 方法的参数, e 有一个属性 RowIndex, 表示用户单击 "删除" 链接所在的行号, 由于在 GridView 控件设置了 DataKeyNames 属性为数据库 Cart 表的 BookId 字段, 因此可以根据行号获取对应 BookId 的值, 获取对应行 BookId 的代码如下：

```
string BookId=this.GridView1.DataKeys[e.RowIndex].Value.ToString();
```

获取了对应行 BookId, 就可以编写删除对应行的 SQL 语句了, 代码如下：

```
string sql="delete from Cart where BookId=@BookId and UserId=@UserId";
```

代码最后一句的功能是刷新页面。

3. 图书选择

进入 GridView 控件的 ItemTemplate 模板, 双击 chkSelect 复选框, 进入 chkSelect_CheckedChanged 方法, 就可以编写代码了。此处要实现的功能是遍历所有行, 计算复选框被选中行的金额, 然后把它显示在 Label 控件 lblMoney 中, 代码如下：

```
protected void chkSelect_CheckedChanged(object sender,EventArgs e)
{
    decimal total=0;
    for (int i=0; i<this.GridView1.Rows.Count; i++)
    {
        if (((CheckBox)this.GridView1.Rows[i].FindControl("chkSelect")).Checked ==true)
        {
            total=total+Convert.ToDecimal(this.GridView1.Rows[i].Cells[5].Text);
        }
    }
    this.lblMoney.Text=total.ToString();
}
```

上面代码中通过循环来遍历 GridView 控件的所有行, 难点是如何判断每一行的复选框是否被选中。GridView 控件的行对象有一个 FindControl 方法, 可以根据控件的名字查找到对应的控件, 因此可以用 this.GridView1.Rows[i].FindControl("chkSelect") 获得对应行的复选框, 但是这个方法返回的是 CheckBox 的基类 Control, 因此要通过强制转换把 FindControl 方法返回的控件转化成 CheckBox 控件, 代码如下：

```
(CheckBox)this.GridView1.Rows[i].FindControl("chkSelect")
```

每一行的金额单元格是行中的第 6 个单元格, 由于是从 0 开始编号, 因此是 Cells[5], 由于金额是 Decimal 类型, 因此要把文本值转换成 Decimal 类型, 代码如下：

```
Convert.ToDecimal(this.GridView1.Rows[i].Cells[5].Text)
```

4. 图书全选

进入 GridView 控件的 HeaderTemplate 模板，双击 chkSelectAll 复选框，可以进入 chkSelectAll_CheckedChanged 方法编写代码。若全选复选框处于选中状态，则要使 GridView 控件的所有行的复选框处于选中状态，如果使全选复选框处于未选中状态，则要使 GridView 控件的所有行的复选框处于未选中状态。如果全选复选框处于选中状态，要计算所有行的金额的总和并显示在 Label 控件 lblMoney 中，代码如下：

```
protected void chkSelectAll_CheckedChanged(object sender,EventArgs e)
    {
        bool checkBox=((CheckBox)this.GridView1.HeaderRow.FindControl
("chkSelectAll")).Checked;
        for (int i=0; i<this.GridView1.Rows.Count; i++)
        {
            ((CheckBox)this.GridView1.Rows[i].FindControl("chkSelect")).
Checked=checkBox;
        }
        decimal total=0;
        for (int i=0; i<this.GridView1.Rows.Count; i++)
        {
            if (((CheckBox)this.GridView1.Rows[i].FindControl("chkSelect")).
Checked ==true)
            {
                total=total+Convert.ToDecimal(this.GridView1.Rows[i].Cells[5].Text);
            }
        }
        this.lblMoney.Text=total.ToString();
    }
```

5. 继续购物

"继续购物"按钮的目的是让用户继续购物，因此只要重定向到 Default.aspx 页面就可以，代码如下：

```
protected void btnContinue_Click(object sender,EventArgs e)
    {
        this.Response.Redirect("Default.aspx");
    }
```

6. 结算

"结算"按钮的功能有两个，一个是把用户在购物车中选中的项生成订单，订单号根据当前时间生成，把订单信息存储到 Session 中，然后页面重定向到快递地址生成页面 ExpressInfo.aspx。由于一个订单可能有好几种书，因此需要新建两个实体类 Book 和

OrderInfo，Book 类用来存放一种书的信息，OrderInfo 用来存放所有书的信息，显然实体类 Book 是实体类 OrderInfo 的一部分。

1）实体类 Book

添加新建项，选择类，文件命名为 Book.cs，代码如下：

```csharp
public class Book
    {
        int bookId;
        public int BookId
        {
            get { return bookId; }
            set { bookId=value; }
        }
        int categoryId;
        public int CategoryId
        {
            get { return categoryId; }
            set { categoryId=value; }
        }
        string bookName;
        public string BookName
        {
            get { return bookName; }
            set { bookName=value; }
        }
        string author;
        public string Author
        {
            get { return author; }
            set { author=value; }
        }
        string publisher;
        public string Publisher
        {
            get { return publisher; }
            set { publisher=value; }
        }
        DateTime publishDate;
        public DateTime PublishDate
        {
            get { return publishDate; }
            set { publishDate=value; }
        }
```

```csharp
        string description;
        public string Description
        {
            get { return description; }
            set { description=value; }
        }
        string bookImage;
        public string BookImage
        {
            get { return bookImage; }
            set { bookImage=value; }
        }
        string isbn;
        public string ISBN
        {
            get { return isbn; }
            set { isbn=value; }
        }
        decimal salePrice;
        public decimal SalePrice
        {
            get { return salePrice; }
            set { salePrice=value; }
        }
        int quantity;
        public int Quantity
        {
            get { return quantity; }
            set { quantity=value; }
        }
        decimal sumOfMoney;
        public decimal SumOfMoney
        {
            get
            {
                sumOfMoney=this.SalePrice * this.Quantity;
                return sumOfMoney;
            }
            set { sumOfMoney=value; }
        }
}
```

从以上代码可见 Book 表的每个字段在类中都是一个属性,由于购物车中一本书可能用户要买多本,因此增加了一个属性 SumOfMoney 用来存储金额。

2)实体类 OrderInfo

添加新建项,选择类,文件命名为 OrderInfo.cs,代码如下:

```csharp
public class OrderInfo
{
    string orderId;
    public string OrderId
    {
        get { return orderId; }
        set { orderId=value; }
    }
    int userId;
    public int UserId
    {
        get { return userId; }
        set { userId=value; }
    }
    DateTime orderDate;
    public DateTime OrderDate
    {
        get { return orderDate; }
        set { orderDate=value; }
    }
    string telephone;
    public string Telephone
    {
        get { return telephone; }
        set { telephone=value; }
    }
    string address;
    public string Address
    {
        get { return address; }
        set { address=value; }
    }
    string realName;
    public string RealName
    {
        get { return realName; }
        set { realName=value; }
    }
    decimal totalPrice;
```

```csharp
        public decimal TotalPrice
        {
            get { return totalPrice; }
            set { totalPrice=value; }
        }
        IList<Book>orderDetails;
        public IList<Book>OrderDetails
        {
            get { return orderDetails; }
            set { orderDetails=value; }
        }
        string status;
        public string Status
        {
            get { return status; }
            set { status=value; }
        }
        public OrderInfo()
        {
            this.OrderId=DateTime.Now.Ticks.ToString();
            this.OrderDate=DateTime.Now;
            this.OrderDetails=new List<Book>();
        }
    }
```

这个实体类可存放订单编号 OrderId、订单生成时间 OrderDate、用户编号 UserId、快递相关信息（Telephone 等）、订单总价 totalPrice、订单状态、订单详细 orderDetails。其中 orderDetails 为基于 IList<Book>接口的对象，用来存放 Book 对象，代码如下：

```csharp
IList<Book>orderDetails;
    public IList<Book>OrderDetails
    {
        get { return orderDetails; }
        set { orderDetails=value; }
    }
```

注意：要使用 IList<Book>接口需要先引用 System.Collections.Generic 命名空间，代码如下：

```csharp
using System.Collections.Generic;
```

3）"结算"按钮代码

```csharp
protected void btnTotal_Click(object sender,EventArgs e)
    {
```

```
OrderInfo orderInfo=new OrderInfo();
Book book;
orderInfo.UserId=Convert.ToInt32(this.Session["UserId"]);
orderInfo.TotalPrice=Convert.ToDecimal(this.lblMoney.Text);
for (int i=0; i<this.GridView1.Rows.Count; i++)
{
    if (((CheckBox)this.GridView1.Rows[i].FindControl("chkSelect")).Checked ==true)
    {
        book=new Book();
        book.SalePrice=Convert.ToDecimal(this.GridView1.Rows[i].Cells[3].Text);
        book.Quantity= Convert.ToInt32(this.GridView1.Rows[i].Cells[4].Text);
        book.BookId= Convert.ToInt32(this.GridView1.DataKeys[i].Value.ToString());
        orderInfo.OrderDetails.Add(book);
    }
}
this.Session["Order"]=orderInfo;
Response.Redirect("ExpressInfo.aspx");
}
```

4）快递地址生成

新建 ExpressInfo.aspx 页面，登录系统后进入"我的购物车"，选择要生成订单的项，单击"结算"按钮，结果如图 8-27 所示。

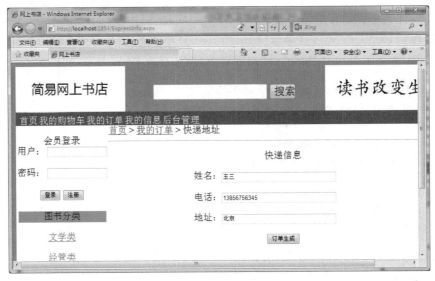

图 8-27　快递地址

如图 8-27 所示，ExpressInfo.aspx 页面自动显示了当前用户的地址信息，用户可以

更改快递信息,然后单击"订单生成"页面,往数据库中写入订单,页面代码如下:

```
<%@ Page Title="" Language="C#" MasterPageFile="~/Main.Master" AutoEventWireup="
true" CodeBehind="ExpressInfo.aspx.cs" Inherits="OnlineBook.ExpressInfo" %>
<asp: Content ID="Content1" ContentPlaceHolderID="ContentPlaceHolder2" runat=
"server">
    <div id="register_page">
        <p style="text-align: center">快递信息</p>
        <p>姓名:<asp: TextBox ID="txtName" runat="server" Width="250px"></asp:
TextBox></p>
        <p>电话:<asp: TextBox ID="txtTelphone" runat="server" Width="250px">
</asp: TextBox></p>
        <p>地址:<asp: TextBox ID="txtAddress" runat="server" Width="250px">
</asp: TextBox></p>
        <p style="text-align: center">
            <asp: Button ID="btnCheckOut" runat="server" onclick="btnCheckOut_
            Click"
                Text="订单生成"/>
        </p>
    </div>
</asp: Content>
```

由于 ExpressInfo.aspx 页面加载时要显示当前用户的信息,需要在 Page_Load 事件中写入如下代码:

```
protected void Page_Load(object sender,EventArgs e)
{
    if (!this.IsPostBack)
    {
        string sql="select RealName,Telephone,Address from [User] where UserId
        =@UserId";
        SqlParameter[] parameter=new SqlParameter[]
        {
            new SqlParameter ( "@UserId", Convert. ToInt32 (this. Session
            ["UserId"]))
        };
        DataTable dt=DataBase.GetDataSet(sql,parameter);
        if (dt.Rows.Count >0)
        {
            this.txtName.Text=dt.Rows[0]["RealName"].ToString();
            this.txtTelphone.Text=dt.Rows[0]["Telephone"].ToString();
            this.txtAddress.Text=dt.Rows[0]["Address"].ToString();
        }
    }
}
```

从以上代码看，先通过 Session 获取了 UserId 的值，再根据 UserId 获取了用户的信息，最后把用户的信息显示在相关控件中。

"订单生成"按钮的单击事件代码写在 btnCheckOut_Click 方法中，这部分代码先把订单信息插入 Order 表，然后把订单明细插入 OrderDetail 表，再把购物车 Cart 表中的对应项删除，最后修改 Book 表的库存并重定向到 Default.aspx，具体代码如下：

```csharp
protected void btnCheckOut_Click(object sender,EventArgs e)
{
    OrderInfo orderInfo=(OrderInfo)this.Session["Order"];
    //把订单信息插入 Order 表
    string sql="insert into [Order] (OrderId, UserId, OrderDate, Telephone, Address, RealName, TotalPrice) values (@OrderId, @UserId, @OrderDate, @Telephone,@Address,@RealName,@TotalPrice)";
    SqlParameter[] parameter=new SqlParameter[]
    {
        new SqlParameter("@OrderId",orderInfo.OrderId),
        new SqlParameter("@UserId",orderInfo.UserId),
        new SqlParameter("@OrderDate",orderInfo.OrderDate),
        new SqlParameter("@Telephone",this.txtTelephone.Text),
        new SqlParameter("@Address",this.txtAddress.Text),
        new SqlParameter("@RealName",this.txtName.Text),
        new SqlParameter("@TotalPrice",orderInfo.TotalPrice)
    };
    DataBase.ExecuteSql(sql,parameter);

    //把订单明细插入 OrderDetail 表
    for (int i=0; i<orderInfo.OrderDetails.Count; i++)
    {
        sql="insert into OrderDetail (OrderId, BookId, SalePrice, Quantity) values(@OrderId,@BookId,@SalePrice,@Quantity)";
        parameter=new SqlParameter[]
        {
            new SqlParameter("@OrderId",orderInfo.OrderId),
            new SqlParameter("@BookId",orderInfo.OrderDetails[i].BookId),
            new SqlParameter("@SalePrice",orderInfo.OrderDetails[i].SalePrice),
            new SqlParameter("@Quantity",orderInfo.OrderDetails[i].Quantity)
        };
        DataBase.ExecuteSql(sql,parameter);
    }

    //把购物车中的对应项目删除
    for (int i=0; i<orderInfo.OrderDetails.Count; i++)
    {
        sql="delete from Cart where UserId=@UserId and BookId=@BookId";
        parameter=new SqlParameter[]
```

```
            {
                new SqlParameter("@UserId",orderInfo.UserId),
                new SqlParameter("@BookId",orderInfo.OrderDetails[i].BookId)
            };
            DataBase.ExecuteSql(sql,parameter);
        }

        //把库存中书的数量减去已经售出书的数量
        for (int i=0; i<orderInfo.OrderDetails.Count; i++)
        {
            sql="update Book set Quantity= Quantity - @ Quantity where BookId=
            @BookId";
            parameter=new SqlParameter[]
            {
                new SqlParameter("@Quantity",orderInfo.OrderDetails[i].Quantity),
                new SqlParameter("@BookId",orderInfo.OrderDetails[i].BookId)
            };
            DataBase.ExecuteSql(sql,parameter);
        }
        this.Session["Order"]=null;
        Response.Redirect("Default.aspx");
    }
```

8.5 我的订单

用户登录后单击"我的订单",显示用户的所有订单,如图 8-28 所示。

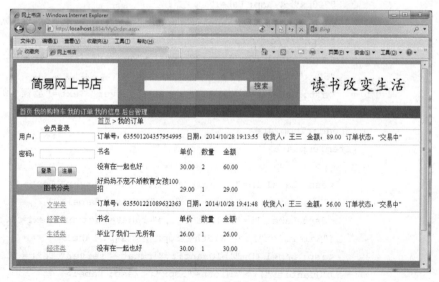

图 8-28 我的订单

图 8-28 中"我的订单"页面 MyOrder.aspx 要显示每个订单的信息和详细信息，需要两个 Repeater 控件嵌套使用。第一个 Repeater 控件显示订单号、日期、收货人、金额、订单状态等信息，第二个 Repeater 控件显示一个订单包含的书名、单价、数量、金额，页面代码如下：

```
<%@ Page Title="" Language="C#" MasterPageFile="~/Main.Master" AutoEventWireup=
"true" CodeBehind="MyOrder.aspx.cs" Inherits="OnlineBook.MyOrder" %>
<asp: Content ID="Content1" ContentPlaceHolderID="ContentPlaceHolder2" runat=
"server">
    <asp: Repeater ID="rptOrder" runat="server">
        <ItemTemplate>
            订单号：<asp: Label ID="lblOrderId" runat="server" Text='<%# Eval
("OrderId") %>'></asp: Label>  
            日期：<asp: Label ID="lblOrderDate" runat="server" Text='<%# Eval
("OrderDate") %>'></asp: Label>  
            收货人：<asp: Label ID="lblRealName" runat="server" Text='<%# Eval
("RealName") %>'></asp: Label>  
            金额：<asp: Label ID="lblTotalPrice" runat="server" Text='<%# Eval
("TotalPrice") %>'></asp: Label>  
            订单状态：<asp: Label ID="lblStatus" runat="server" Text='<%# Eval
("Status") %>'></asp: Label>  
            <hr/>
            <asp: Repeater ID="rptOrderDetials" runat="server" DataSource='<%#
Eval("OrderDetails") %>'>
                <HeaderTemplate>
                    <asp: Label ID="lblBookName" runat="server" Text="书名" Width=
"200px"></asp: Label>
                    <asp: Label ID="Label1" runat="server" Text="单价" Width=
"50px"></asp: Label>
                    <asp: Label ID="Label2" runat="server" Text="数量" Width=
"50px"></asp: Label>
                    <asp: Label ID="Label3" runat="server" Text="金额" Width=
"50px"></asp: Label>
                </HeaderTemplate>
                <ItemTemplate>
                    <p>
                    <asp: Label ID="lblBookName" runat="server" Text='<%# Eval
("BookName")%>' Width="200px"></asp: Label>
                    <asp: Label ID="lblSalePrice" runat="server" Text='<%# Eval
("SalePrice")%>' Width="50px"></asp: Label>
                    <asp: Label ID="lblQuantity" runat="server" Text='<%# Eval
("Quantity")%>' Width="50px"></asp: Label>
                    <asp: Label ID="lblMoney" runat="server" Text='<%# Eval
("SumOfMoney")%>' Width="50px"></asp: Label>
```

```
            </p>
        </ItemTemplate>
    </asp:Repeater>
        </ItemTemplate>
    </asp:Repeater>
</asp:Content>
```

由于要求 MyOrder.aspx 加载时显示当前用户的所有订单信息,因此要在 Page_Load 事件代码中编写代码。此处要根据用户的 UserId 在 Order 表和 OrderDetail 表中查询订单和订单详细信息,因此需要两个关联查询,由于在这两个表中只有图书的 BookId 没有书名等信息,因此需要和 Book 表关联查询,这样就产生了 Order、OrderDetail、BookId 3 个表的关联查询,代码如下:

```
protected void Page_Load(object sender,EventArgs e)
    {
        if (!this.IsPostBack)
        {
            string sql="select [Order].OrderId, OrderDate, Telephone, Address, RealName, TotalPrice, Status, BookName, OrderDetail.SalePrice, OrderDetail.Quantity from [Order],OrderDetail,Book where [Order].OrderId=OrderDetail.OrderId and OrderDetail.BookId=Book.BookId and UserId=@UserId";
            SqlParameter[] parameter=new SqlParameter[]
            {
                new SqlParameter("@UserId",Convert.ToInt32(this.Session["UserId"]))
            };
            DataTable dt=DataBase.GetDataSet(sql,parameter);
            IList<OrderInfo>orderInfoes=new List<OrderInfo>();
            OrderInfo orderInfo=new OrderInfo();
            string tempOrderId="11111";
            for (int i=0; i<dt.Rows.Count; i++)
            {
                if (tempOrderId!=dt.Rows[i]["OrderId"].ToString())
                {
                    orderInfo=new OrderInfo();
                    orderInfoes.Add(orderInfo);
                    orderInfo.OrderId=dt.Rows[i]["OrderId"].ToString();
                    orderInfo.OrderDate=Convert.ToDateTime(dt.Rows[i]["OrderDate"]);
                    orderInfo.Telephone=dt.Rows[i]["Telephone"].ToString();
                    orderInfo.Address=dt.Rows[i]["Address"].ToString();
                    orderInfo.RealName=dt.Rows[i]["RealName"].ToString();
                    orderInfo.TotalPrice = Convert.ToDecimal (dt.Rows[i]["TotalPrice"]);
                    orderInfo.Status=dt.Rows[i]["Status"].ToString();
```

```
                tempOrderId=orderInfo.OrderId;
            }
            Book book=new Book();
            book.BookName=dt.Rows[i]["BookName"].ToString();
            book.SalePrice=Convert.ToDecimal(dt.Rows[i]["SalePrice"]);
            book.Quantity=Convert.ToInt32(dt.Rows[i]["Quantity"]);
            orderInfo.OrderDetails.Add(book);
        }
        this.rptOrder.DataSource=orderInfoes;
        this.rptOrder.DataBind();
    }
}
```

如上代码创建了基于泛型接口 **IList<OrderInfo>** 的对象 **orderInfoes**，orderInfoes 列表用来存放 OrderInfo 对象。Repeater 控件 rptOrder 的数据源为 OrderInfoes，嵌套的 Repeater 控件 rptOrderDetails 的数据源为 **OrderInfo** 类的 OrderDetails 属性。

8.6 本章小结

DetailsView 控件用来显示一条记录。

只要是页面加载时需要运行的代码，一般写在 Page_Load 中。

单击 GridView 的删除链接，会触发 RowDeleting 事件。

GridView 控件的行对象有一个 FindControl 方法，可以根据控件的名字查找到对应的控件。

一般来说，实体类的属性对应表的字段。

Repeater 控件的数据源也可以是一个列表。

8.7 本章习题

8.7.1 理论练习

1. DetailView 控件可以显示（　　）个记录。
   A. 1　　　　　　B. 2　　　　　　C. 3　　　　　　D. 任意
2. DetailView 控件的数据源属性是（　　）。
   A. DataSource　　B. Source　　　C. Items
3. DetailView 控件来显示一本书的图片，可以使用（　　）字段。
   A. BoundField　　B. ImageField　　C. ButtonField
4. （　　）函数可以用来绑定字段。
   A. Eval　　　　　B. FindControl　　C. DataKeys

5. GridView 控件的 DataKeyNames 属性一般设置成表的(　　)字段。
   A. 键　　　　　　　　　　　　B. 非键
6. GridView 中的 Cell 属性索引从(　　)开始。
   A. 0　　　　　B. 1　　　　　C. 2　　　　　D. 3
7. IList＜Book＞ orderDetails 中 orderDetails 对象的元素类型是(　　)。
   A. IList　　　　　B. Book　　　　　C. List
8. 给页面中控件的 Text 属性绑定数据源中的字段,下面(　　)是正确的。
   A. Text='<%#Eval("Quantity")%>'
   B. Text="<%#Eval("Quantity")%>"
   C. Text='<%#Eval('Quantity')%>'
9. Repeater 控件的＜HeaderTemplate＞中的控件在页面中显示(　　)次。
   A. 1　　　　　B. 0　　　　　C. 2　　　　　D. 不确定
10. 一个页面中可以出现(　　)个 form。
    A. 1　　　　　B. 2　　　　　C. 4　　　　　D. 3

8.7.2　实践操作

1. 图书详细页面的"加入购物"按钮对应的代码有一个 Bug,即没有考虑购物车中已经存在图书的情况,如果购物车中已经存在图书,则用户在单击按钮时应该修改 Cart 表中对应记录的图书数量,而不是去插入记录。请修改代码修复这个 Bug。

2. 用户在"我的购物车"页面单击"我的订单"时,登录区没有显示当前用户的昵称,请改进。

3. 用户不登录也可以浏览"我的购物车"等页面,请编写代码改进程序,使"我的购物车"、"我的订单"、"我的信息"等页面一定要先登录才能访问。

第 9 章 后台管理

本章任务
(1) 设计和实现后台管理母版页。
(2) 设计和实现管理员信息编辑、图书类别管理模块。
(3) 设计和实现图书管理、订单管理模块。

9.1 后台管理母版

9.1.1 TreeView 控件管理后台页面

后台管理和前台页面类似,也有统一的母版,本系统中后台母版是在前台母版的基础上修改而成,如图 9-1 所示。

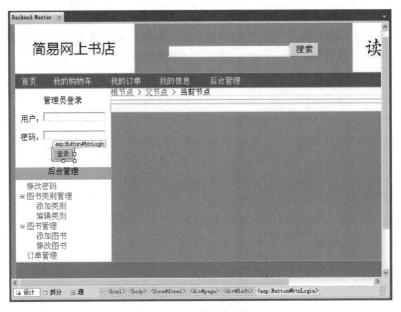

图 9-1 后台母版页面

从图 9-1 可见,后台母版页把前台母版页的图书分类区域替换成后台管理了,在后台管理中使用 TreeView 控件来导航。新建一个模板页 Backend.Master,内容和 Main.Master 模板页一样,然后把 Backend.Master 中♯left 的 Repeater 控件删除,从工具箱中拖放一个 TreeView 控件到♯left 区,单击 TreeView 控件的 Nodes 属性,进入 TreeView 控件的节点编辑器,如图 9-2 所示。

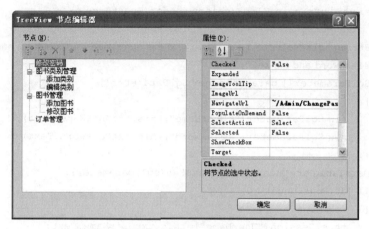

图 9-2　节点编辑器

可以添加、删除、上移、下移节点，同时在编辑器属性中的 NavigateUrl 中添加节点对应的网页。TreeView 控件的页面代码如下：

```
<asp: TreeView ID="TreeView1" runat="server">
    <Nodes>
        <asp: TreeNode Text="修改密码" NavigateUrl="~/Admin/ChangePassword.aspx">
        </asp: TreeNode>
        <asp: TreeNode Text="图书类别管理" Value="图书类别管理">
        <asp: TreeNode Text="添加类别" Value="添加类别" NavigateUrl="~/Admin/
AddCategory.aspx"></asp: TreeNode>
        <asp: TreeNode Text="编辑类别" Value="修改类别" NavigateUrl="~/Admin/
EditCategory.aspx"></asp: TreeNode>
        </asp: TreeNode>
        <asp: TreeNode Text="图书管理" Value="图书管理">
        <asp: TreeNode Text="添加图书" Value="添加图书" NavigateUrl="~/Admin/
AddBook.aspx"></asp: TreeNode>
        <asp: TreeNode Text="修改图书" Value="修改图书" NavigateUrl="~/Admin/
EditBook.aspx"></asp: TreeNode>
        </asp: TreeNode>
        <asp: TreeNode Text="订单管理" Value="订单管理" NavigateUrl="~/Admin/
ManageOrder.aspx"></asp: TreeNode>
    </Nodes>
</asp: TreeView>
```

9.1.2　后台管理员登录

后台管理员登录和用户登录类似，在数据库中普通用户和后台管理员共用一张表 User，后台管理员在表中 Rank 字段的值为 2，普通管理员的值为 1。在登录代码中要做适当的修改，代码如下：

```
protected void btnLogin_Click(object sender,EventArgs e)
{
    string sql="select * from [User] where UserName=@UserName and Password=
    @Password and Rank=2";
    SqlParameter[] parameter=new SqlParameter[]
    {
        new SqlParameter("@UserName",this.txtUserName.Text),
        new SqlParameter("@Password",this.txtPassword.Text)
    };
    DataTable dt=DataBase.GetDataSet(sql,parameter);
    if (dt.Rows.Count >0)
    {
        this.Session["UserName"]=this.txtUserName.Text;
        this.Session["UserId"]=dt.Rows[0]["UserId"].ToString();
        this.Session["Rank"]=dt.Rows[0]["Rank"].ToString();
        this.lblUser.Text="管理员: "+this.txtUserName.Text;
    }
}
```

从代码可见,在 SQL 语句中增加了 Rank=2 这个条件,另外存储了 Session 变量 Rank。

9.2 管理员信息编辑

在网站中添加 Admin 文件夹,把后台管理的一些页面建在这个文件夹中。添加一个 Web 窗体 ChangePassword.aspx,这个页面使用母版页 Backend.Master,页面如图 9-3 所示。

图 9-3 密码修改

界面很简单,可以修改管理员的用户名和密码,页面代码如下:

```
<%@ Page Title="" Language="C#" MasterPageFile="~/Backend.Master"
AutoEventWireup="true" CodeBehind="ChangePassword.aspx.cs" Inherits=
"OnlineBook.Admin.ChangePassword" %>
<asp:Content ID="Content1" ContentPlaceHolderID="ContentPlaceHolder2" runat=
"server">
    <div id="register_page">
        <p style="text-align: center">密码修改</p>
        <p>用户名:<asp:TextBox ID="txtUserName" runat="server" Width="250px">
</asp:TextBox></p>
        <p>密  码:<asp:TextBox ID="txtPassword" runat="server"
Width="250px"></asp:TextBox></p>
        <p style="text-align: center">
            <asp:Button ID="btnUpdate" runat="server" Text="修改" onclick=
"btnUpdate_Click"/></p>
    </div>
</asp:Content>
```

后台管理员要先登录,然后才能单击树形菜单的"修改密码",如图9-4所示。

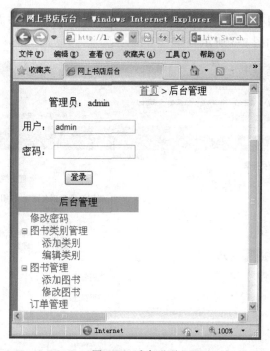

图 9-4 后台登录

程序代码写在 btnUpdate 按钮的单击事件中,代码如下:

```
protected void btnUpdate_Click(object sender,EventArgs e)
    {
        string sql="update [User] set UserName=@UserName,Password=@Password
        where UserId=@UserId";
```

```
        SqlParameter[] parameter=new SqlParameter[]
        {
            new SqlParameter("@UserName",this.txtUserName.Text),
            new SqlParameter("@Password",this.txtPassword.Text),
            new SqlParameter("@UserId",Convert.ToInt32(this.Session["UserId"]))
        };
        DataBase.ExecuteSql(sql,parameter);
        Response.Redirect("~/Admin/ChangePassword.aspx");
    }
```

代码中由于 UserId 字段是整型，因此用 Convert.ToInt32()方法进行转换。

9.3 图书类别管理

图书类别管理包括添加类别和编辑类别两个管理页面。

9.3.1 添加类别

添加新建项，创建使用了 Backend.Master 母版的"添加类别"Web 窗体 AddCategory.aspx，如图 9-5 所示。

图 9-5 图书类别添加

从页面看界面设计分为两部分，一部分是用 GridView 来显示 Category 表中的数据；另一部分是两个 Label 和两个 TextBox，让用户输入新的类别，页面代码如下：

```
<%@ Page Title ="" Language ="C#" MasterPageFile =" ~/Backend.Master"
AutoEventWireup="true" CodeBehind="AddCategory.aspx.cs" Inherits="OnlineBook.
```

```
Admin.AddCategory" %>
<asp: Content ID="Content1" ContentPlaceHolderID="ContentPlaceHolder2" runat=
"server">
    <div id="register_page">
        <p style="text-align: center">图书类别添加</p>
        <asp: GridView ID="GridView1" runat="server" AutoGenerateColumns="False">
            <Columns>
                <asp: BoundField DataField="CategoryId" HeaderText="类别编号"/>
                <asp: BoundField DataField="CategoryName" HeaderText="类别名称"/>
                <asp: BoundField DataField="Description" HeaderText="说明"/>
            </Columns>
        </asp: GridView>
        <br/>
        <p>类别名称:<asp: TextBox ID="txtCategoryName" runat="server"></asp:
        TextBox></p>
        <p>类别描述:<asp: TextBox ID="txtDescription" runat="server"></asp:
        TextBox></p>
        <asp: Button ID="btnAdd" runat="server" Text="添加" onclick="btnAdd_
        Click"/>
    </div>
</asp: Content>
```

由于要在页面加载时显示 Category 表中的数据,给 GridView 控件设置数据源和绑定的代码要写在 Page_Load 方法中,代码如下:

```
protected void Page_Load(object sender,EventArgs e)
    {
        if (!this.IsPostBack)
        {
            string sql="select * from Category";
            DataTable dt=DataBase.GetDataSet(sql);
            this.GridView1.DataSource=dt;
            this.GridView1.DataBind();
        }
    }
```

当用户输入新的类别信息后,需要单击"添加"按钮完成新类别添加,代码写在按钮单击事件关联的方法 btnAdd_Click 中,具体如下:

```
protected void btnAdd_Click(object sender,EventArgs e)
    {
        string sql="insert into Category (CategoryName, Description) values
        (@CategoryName,@Description)";
        SqlParameter[] parameter=new SqlParameter[]
        {
            new SqlParameter("@CategoryName",this.txtCategoryName.Text),
```

```
            new SqlParameter("@Description",this.txtDescription.Text)
        };
        DataBase.ExecuteSql(sql,parameter);
        this.Response.Redirect("~/Admin/AddCategory.aspx");
    }
```

代码编写后,登录后台,单击"添加类别",在页面中输入新类别,如图 9-6 所示。

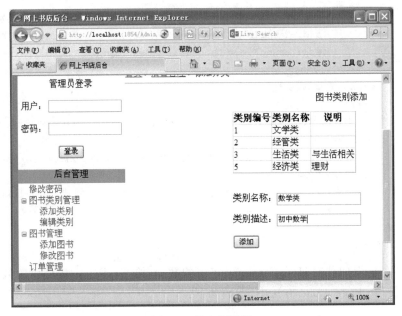

图 9-6　输入新类别

单击"添加"按钮,效果如图 9-7 所示。

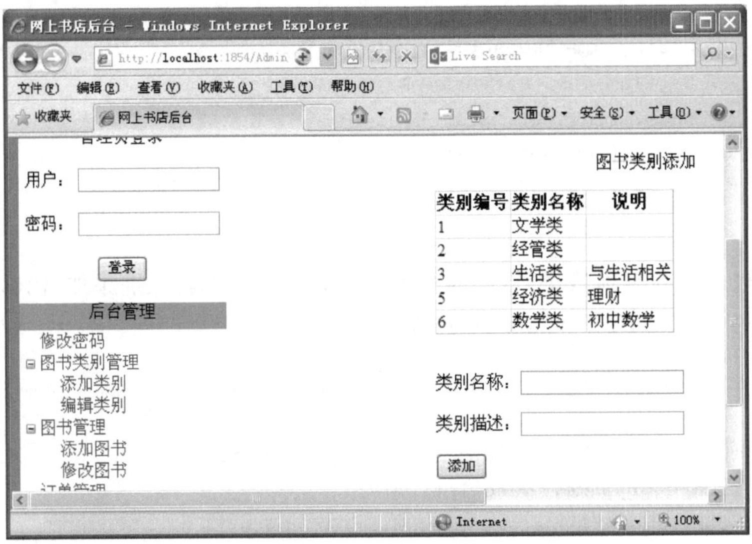

图 9-7　添加效果

9.3.2 编辑类别

添加新建项,创建使用了 Backend.Master 母版页的"编辑类别"Web 窗体 EditCategory.aspx,如图 9-8 所示。

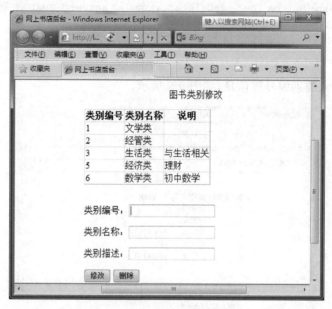

图 9-8 编辑类别界面

设计界面和 AddCategory.aspx 页面类似,只是把"添加"按钮换成了"修改"按钮,同时增加了"删除"按钮,页面代码如下:

```
<%@ Page Title="" Language="C#" MasterPageFile="~/Backend.Master"
AutoEventWireup="true" CodeBehind="EditCategory.aspx.cs" Inherits=
"OnlineBook.Admin.EditCategory" %>
<asp:Content ID="Content1" ContentPlaceHolderID="ContentPlaceHolder2" runat=
"server">
    <div id="register_page">
    <p style="text-align: center">图书类别修改</p>
    <asp:GridView ID="GridView1" runat="server" AutoGenerateColumns="False">
        <Columns>
            <asp:BoundField DataField="CategoryId" HeaderText="类别编号"/>
            <asp:BoundField DataField="CategoryName" HeaderText="类别名称"/>
            <asp:BoundField DataField="Description" HeaderText="说明"/>
        </Columns>
    </asp:GridView>
    <br/>
    <p>类别编号:<asp:TextBox ID="txtCategoryId" runat="server"></asp:
TextBox></p>
```

```
        <p>类别名称:<asp: TextBox ID="txtCategoryName" runat="server"></asp:
TextBox></p>
        <p>类别描述:<asp: TextBox ID="txtDescription" runat="server"></asp:
TextBox></p>
        <asp: Button ID="btnUpdate" runat="server" Text="修改" onclick=
"btnUpdate_Click"/>
        <asp: Button ID="txtDelete" runat="server" Text="删除" onclick=
"txtDelete_Click"/>
    </div>
 </asp: Content>
```

在界面中输入类别编号等信息,如图 9-9 所示。

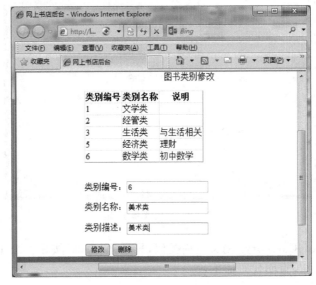

图 9-9 输入类别编辑数据

单击"修改"按钮,结果如图 9-10 所示。

如果要删除某个类别,只要输入类别编号即可,如输入类别编号 6,单击"删除"按钮,结果如图 9-11 所示。

EditCategory.aspx 页面 Page_Load 代码如下:

```
protected void Page_Load(object sender,EventArgs e)
    {
        if (!this.IsPostBack)
        {
            string sql="select * from Category";
            DataTable dt=DataBase.GetDataSet(sql);
            this.GridView1.DataSource=dt;
            this.GridView1.DataBind();
        }
    }
```

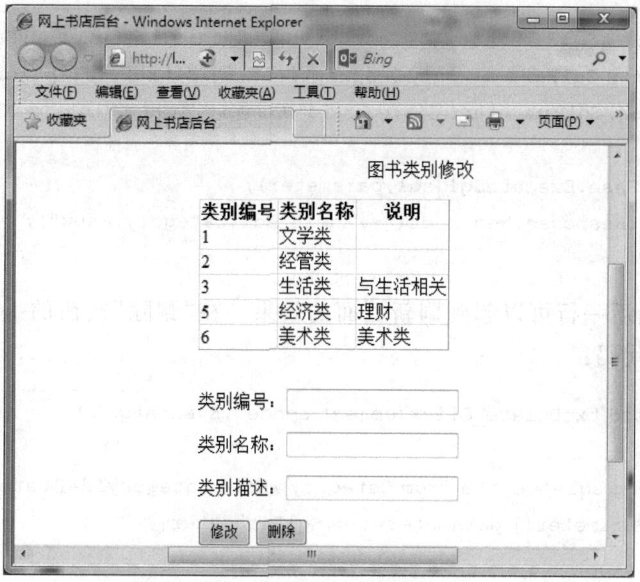

图 9-10 修改效果图

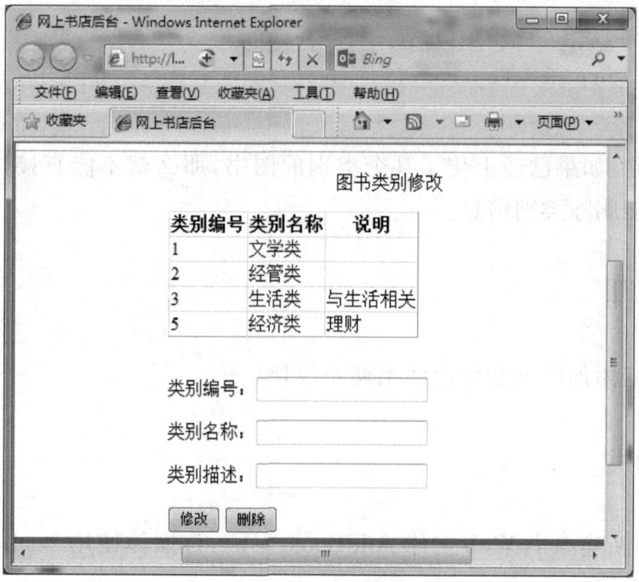

图 9-11 删除类别

在"修改"按钮的 btnUpdate_Click 方法中编写如下代码：

```
protected void btnUpdate_Click(object sender,EventArgs e)
{
    string sql="update Category set CategoryName=@CategoryName,Description=
    @Description where CategoryId=@CategoryId";
    SqlParameter[] parameter=new SqlParameter[]
```

```
        {
            new SqlParameter("@CategoryName",this.txtCategoryName.Text),
            new SqlParameter("@Description",this.txtDescription.Text),
            new SqlParameter("@CategoryId",Convert.ToInt32(this.txtCategoryId.Text))
        };
        DataBase.ExecuteSql(sql,parameter);
        this.Response.Redirect("~/Admin/EditCategory.aspx");
    }
```

如上代码,最后一行可以起到刷新页面的效果。在"删除"按钮的 txtDelete_Click 的方法中编写如下代码：

```
protected void txtDelete_Click(object sender,EventArgs e)
    {
        string sql="delete from Category where CategoryId=@CategoryId";
        SqlParameter[] parameter=new SqlParameter[]
        {
            new SqlParameter("@CategoryId",Convert.ToInt32(this.txtCategoryId.Text))
        };
        DataBase.ExecuteSql(sql,parameter);
        this.Response.Redirect("~/Admin/EditCategory.aspx");
    }
```

值得注意的是,如果已经上传了某个类别的图书,那么就不能直接把类别信息删除,要先删除图书才能删除类别信息。

9.4 图书管理

图书管理包括添加图书和修改图书两个模块。

9.4.1 添加图书

添加新建项,新建一个 Web 窗体 AddBook.aspx,该窗体使用 Backend.Master 为母版页,如图 9-12 所示。

从图 9-12 中可见,添加图书的字段来自 Book 表,从页面控件看出现了 DropDownList 控件和 FileUpload 控件。DropDownList 控件用来从数据库中读取图书分类信息,FileUpload 控件用来向 Web 系统添加图片。页面代码如下：

```
<%@ Page Title="" Language="C#" MasterPageFile="~/Backend.Master"
AutoEventWireup="true" CodeBehind="AddBook.aspx.cs" Inherits="OnlineBook.
Admin.AddBook" %>
<asp:Content ID="Content1" ContentPlaceHolderID="ContentPlaceHolder2" runat=
```

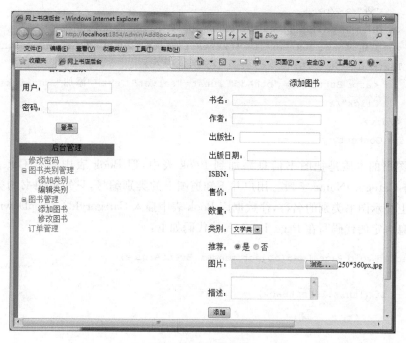

图 9-12 添加图书

```
"server">
    <div id="register_page">
    <p style="text-align: center">添加图书</p>
    <p>书名:<asp: TextBox ID="txtBookName" runat="server" Width="184px"></asp:
    TextBox></p>
    <p>作者:<asp: TextBox ID="txtAuthor" runat="server" Width="181px"></asp:
    TextBox></p>
    <p>出版社:<asp: TextBox ID="txtPublisher" runat="server" Width="163px">
    </asp: TextBox></p>
    <p>出版日期:< asp: TextBox ID =" txtPublishDate" runat =" server" > </asp:
    TextBox></p>
    <p>ISBN:<asp: TextBox ID="txtISBN" runat="server" Width="180px"></asp:
    TextBox></p>
    <p>售价:<asp: TextBox ID="txtSalePrice" runat="server" Width="180px">
    </asp: TextBox></p>
    <p>数量:<asp: TextBox ID="txtQuantity" runat="server" Width="183px">
    </asp: TextBox></p>
    <p>类别:< asp: DropDownList ID =" DropDownList1" runat =" server" > </asp:
    DropDownList></p>
    <p>推荐: < asp: RadioButton ID =" rdoYes" runat =" server" GroupName =
    "Recommend" Text="是"
            Checked="True"/>
        <asp: RadioButton ID="rdoNo" runat="server" GroupName="Recommend" Text=
```

```
            "否"/></p>
    <p>图片:<asp: FileUpload ID="FileUpload1" runat="server"/>250*360px,jpg</p>
    <p>描述:<asp: TextBox ID="txtDescription" runat="server" Height="40px"
    TextMode="MultiLine"></asp: TextBox></p>
        <asp: Button ID="btnAdd" runat="server" Text="添加" onclick="btnAdd_
        Click"/>
    </div>
</asp: Content>
```

添加图书的本质是把图书信息添加到 Book 表中,但 Book 表中只有 CategoryId 字段,而没有 CategoryName 字段。用户并不知道图书的类别编号,只知道图书的类别名,因此在页面上显示图书类别的名称,往数据库 Book 表中插入 CategoryId。DropDownList 控件和类别信息绑定的代码写在 Page_Load,具体代码如下:

```
protected void Page_Load(object sender,EventArgs e)
    {
        if (!this.IsPostBack)
        {
            string sql="select * from Category";
            DataTable dt=DataBase.GetDataSet(sql);
            this.DropDownList1.DataTextField="CategoryName";
            this.DropDownList1.DataValueField="CategoryId";
            this.DropDownList1.DataSource=dt;
            this.DropDownList1.DataBind();
        }
    }
```

从代码看 CategoryName 和 DropDownList 控件的 DataTextField 绑定,CategoryId 和 DropDownList 控件的 DataValueField 绑定。

在页面输入图书信息,添加图书图片后单击"添加"按钮添加图书信息到 Book 表,具体代码写在"添加"按钮的单击事件关联的方法中,代码如下:

```
protected void btnAdd_Click(object sender,EventArgs e)
    {
        string fileName=DateTime.Now.Ticks.ToString()+".jpg";
        this.FileUpload1.SaveAs(this.Server.MapPath(@"\Image\")+fileName);
        string sql="insert into Book (CategoryId, BookName, Author, Publisher,
        PublishDate, Description, BookImage, ISBN, SalePrice, Quantity, IsHot) "+"
        values (@ CategoryId, @ BookName, @ Author, @ Publisher, @ PublishDate, @
        Description,@BookImage,@ISBN,@SalePrice,@Quantity,@IsHot)";

        SqlParameter[] parameter=new SqlParameter[]
        {
            new SqlParameter(" @ CategoryId",Convert.ToInt32(this.DropDownList1.
            SelectedValue)),
```

```
            new SqlParameter("@BookName",this.txtBookName.Text),
            new SqlParameter("@Author",this.txtAuthor.Text),
            new SqlParameter("@Publisher",this.txtPublisher.Text),
            new SqlParameter("@PublishDate",Convert.ToDateTime(this.
txtPublishDate.Text)),
            new SqlParameter("@Description",this.txtDescription.Text),
            new SqlParameter("@BookImage",@"\Image\"+fileName),
            new SqlParameter("@ISBN",this.txtISBN.Text),
            new SqlParameter("@SalePrice",Convert.ToDecimal(this.txtSalePrice.
Text)),
            new SqlParameter("@Quantity",Convert.ToInt32(this.txtQuantity.Text)),
            new SqlParameter("@IsHot",this.rdoNo.Checked?"否":"是")
        };
        DataBase.ExecuteSql(sql,parameter);
    }
```

代码主要分成两个步骤,第一步通过 FileUpload 控件把图片上传到网站的 Image 文件夹,图片的名字根据上传的时间动态生成,DateTime.Now.Ticks.ToString()就是根据当前时间动态生成文件名,this.Server.MapPath 获取了网站的物理路径,this.Server.MapPath(@"\Image\") + fileName 就是图片要存放的物理路径,FileUpload1.SaveAs 方法可以把图片存放到指定的物理路径。

第二步是把图书信息存到 Book 表中,BookImage 字段存放的不是图片,而是图片的路径,CategoryId 字段可以从 DropDownList 控件的 SelectedValue 属性获取值。

9.4.2 编辑图书

添加新建项,新建一个 Web 窗体 EditBook.aspx,该窗体使用 Backend.Master 为母版页,如图 9-13 所示。

页面代码如下:

```
<%@ Page Title="" Language="C#" MasterPageFile="~/Backend.Master"
AutoEventWireup="true" CodeBehind="EditBook.aspx.cs" Inherits="OnlineBook.
Admin.EditBook" %>
<asp:Content ID="Content1" ContentPlaceHolderID="ContentPlaceHolder2" runat=
"server">
    <div id="register_page">
        <p style="text-align: center">编辑图书</p>
        <p>ISBN:<asp:TextBox ID="txtISBN" runat="server" Width="180px"></asp:
TextBox>
        <asp:Button ID="btnQuery" runat="server" onclick="btnQuery_Click" Text=
"查询"
            Width="40px"/>
        </p>
```

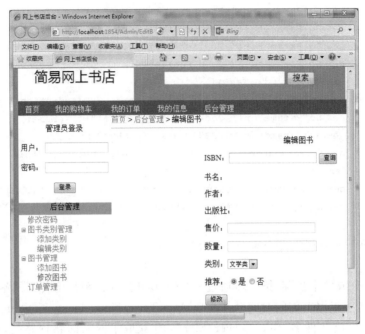

图 9-13 编辑图书

```
<p>书名:<asp: Label ID="lblBookName" runat="server"></asp: Label>
    </p>
<p>作者:<asp: Label ID="lblAuthor" runat="server"></asp: Label>
    </p>
<p>出版社:<asp: Label ID="lblPublisher" runat="server"></asp: Label>
    </p>

<p>售价:<asp: TextBox ID="txtSalePrice" runat="server" Width="180px">
</asp: TextBox></p>
<p>数量:<asp: TextBox ID="txtQuantity" runat="server" Width="183px">
</asp: TextBox></p>
<p>类别:< asp: DropDownList ID="DropDownList1" runat="server"></asp:
DropDownList></p>
<p>推荐: < asp: RadioButton ID =" rdoYes " runat =" server " GroupName =
"Recommend" Text="是"
        Checked="True"/>
    <asp: RadioButton ID="rdoNo" runat="server" GroupName="Recommend" Text=
"否"/></p>
    <asp: Button ID="btnUpdate" runat=" server" Text ="修改" onclick=
"btnUpdate_Click"/>
    </div>
</asp: Content>
```

要修改图书信息先要查询图书,在界面中输入 ISBN,单击"查询"按钮,如图 9-14 所示。

图 9-14　查询图书

从图 9-14 中可见可以修改的字段为售价、类别、是否推荐，修改信息后单击"修改"按钮完成修改。例如，把推荐改成"否"，单击"修改"按钮后如图 9-15 所示。

图 9-15　修改效果

在这个页面中有 3 个方法需要编写代码，即图书类别绑定代码、图书查询代码、图书修改代码。图书类别绑定代码如下：

```csharp
protected void Page_Load(object sender,EventArgs e)
{
    if (!this.IsPostBack)
    {
        string sql="select * from Category";
        DataTable dt=DataBase.GetDataSet(sql);
        this.DropDownList1.DataTextField="CategoryName";
        this.DropDownList1.DataValueField="CategoryId";
        this.DropDownList1.DataSource=dt;
        this.DropDownList1.DataBind();
    }
}
```

图书查询代码写在 btnQuery_Click 方法中,具体如下:

```csharp
protected void btnQuery_Click(object sender,EventArgs e)
{
    string sql="select BookName, Author, Publisher, SalePrice, Quantity, CategoryId,IsHot from Book where ISBN=@ISBN";
    SqlParameter[] parameter=new SqlParameter[]
    {
        new SqlParameter("@ISBN",this.txtISBN.Text)
    };
    DataTable dt=DataBase.GetDataSet(sql,parameter);
    if (dt.Rows.Count >0)
    {
        this.lblBookName.Text=dt.Rows[0]["BookName"].ToString();
        this.lblAuthor.Text=dt.Rows[0]["Author"].ToString();
        this.lblPublisher.Text=dt.Rows[0]["Publisher"].ToString();
        this.txtQuantity.Text=dt.Rows[0]["Quantity"].ToString();
        this.txtSalePrice.Text=dt.Rows[0]["SalePrice"].ToString();
        this.DropDownList1.SelectedValue=dt.Rows[0]["CategoryId"].ToString();
        if (dt.Rows[0]["IsHot"].ToString() =="是")
        {
            this.rdoYes.Checked=true;
            this.rdoNo.Checked=false;
        }
        else
        {
            this.rdoNo.Checked=true;
            this.rdoYes.Checked=false;
        }
    }
}
```

图书修改代码写在 btnUpdate_Click 方法中,具体如下:

```
protected void btnUpdate_Click(object sender,EventArgs e)
    {
        string sql="update Book set SalePrice=@SalePrice,Quantity=@Quantity,
        CategoryId=@CategoryId,IsHot=@IsHot where ISBN=@ISBN";
        SqlParameter[] parameter=new SqlParameter[]
        {
            new SqlParameter("@SalePrice",Convert.ToDecimal(this.txtSalePrice.
            Text)),
            new SqlParameter("@Quantity",Convert.ToInt32(this.txtQuantity.Text)),
            new SqlParameter("@CategoryId",Convert.ToInt32(this.DropDownList1.
            SelectedValue)),
            new SqlParameter("@IsHot",this.rdoYes.Checked?"是":"否"),
            new SqlParameter("@ISBN",this.txtISBN.Text)
        };
        DataBase.ExecuteSql(sql,parameter);
    }
```

9.5 订单管理

添加新建项,新建一个 Web 窗体 ManageOrder.aspx,该窗体使用 Backend.Master 为母版页。

9.5.1 页面设计

订单管理的功能是显示所有用户的订单信息,对处于"交易中"状态的订单可以设置为交易结束,如图 9-16 所示。

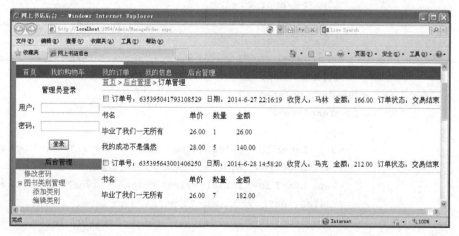

图 9-16 订单管理

从页面看订单管理页面与"我的订单"类似,与"我的订单"相比,在每个订单前增加了一个复选框,另外页面的底部还有一个"交易结束"按钮。订单和订单详细的显示与"我的订单"一样用两个 Repeater 控件,具体页面代码如下:

```
<%@ Page Title="" Language="C#" MasterPageFile="~/Backend.Master" AutoEventWireup="true" CodeBehind="ManageOrder.aspx.cs" Inherits="OnlineBook.Admin.ManageOrder" %>
<asp:Content ID="Content1" ContentPlaceHolderID="ContentPlaceHolder2" runat="server">
    <asp:Repeater ID="rptOrder" runat="server">
        <ItemTemplate>
            <asp:CheckBox ID="chkSelect" runat="server"/>
            订单号:<asp:Label ID="lblOrderId" runat="server" Text='<%# Eval("OrderId") %>'></asp:Label>  
            日期:<asp:Label ID="lblOrderDate" runat="server" Text='<%# Eval("OrderDate") %>'></asp:Label>  
            收货人:<asp:Label ID="lblRealName" runat="server" Text='<%# Eval("RealName") %>'></asp:Label>  
            金额:<asp:Label ID="lblTotalPrice" runat="server" Text='<%# Eval("TotalPrice") %>'></asp:Label>  
            订单状态:<asp:Label ID="lblStatus" runat="server" Text='<%# Eval("Status") %>'></asp:Label>  
            <hr/>
            <asp:Repeater ID="rptOrderDetials" runat="server" DataSource='<%#Eval("OrderDetails") %>'>
                <HeaderTemplate>
                    <asp:Label ID="lblBookName" runat="server" Text="书名" Width="200px"></asp:Label>
                    <asp:Label ID="Label1" runat="server" Text="单价" Width="50px"></asp:Label>
                    <asp:Label ID="Label2" runat="server" Text="数量" Width="50px"></asp:Label>
                    <asp:Label ID="Label3" runat="server" Text="金额" Width="50px"></asp:Label>
                </HeaderTemplate>
                <ItemTemplate>
                    <p>
                    <asp:Label ID="lblBookName" runat="server" Text='<%# Eval("BookName")%>' Width="200px"></asp:Label>
                    <asp:Label ID="lblSalePrice" runat="server" Text='<%#Eval("SalePrice")%>' Width="50px"></asp:Label>
                    <asp:Label ID="lblQuantity" runat="server" Text='<%# Eval("Quantity")%>' Width="50px"></asp:Label>
                    <asp:Label ID="lblMoney" runat="server" Text='<%# Eval("SumOfMoney")%>' Width="50px"></asp:Label>
```

```
                </p>
            </ItemTemplate>
        </asp:Repeater>
    </ItemTemplate>
</asp:Repeater>
<asp:Button ID="btnComplete" runat="server" Text="交易结束"
    onclick="btnComplete_Click"/>
</asp:Content>
```

与"我的订单"页面相比,在 rptOrder Repeater 控件的 ItemTemplate 项中增加了一个复选按钮。

```
<asp:CheckBox ID="chkSelect" runat="server"/>
```

当买书的客户付了钱并且收到书后,管理员可以进入订单管理页面选中实际已经交易结束的订单,单击"交易结束"按钮使订单处于"交易结束"状态。

9.5.2 代码实现

代码实现主要分为订单信息的显示和设置订单"交易结束"状态。

1. 订单信息的显示

因为页面初次打开时就要显示订单信息,显示代码要写在 Page_Load 中,详细代码如下:

```
protected void Page_Load(object sender,EventArgs e)
{
    if (!this.IsPostBack)
    {
        string sql="select [Order].OrderId, OrderDate, Telephone, Address,
        RealName, TotalPrice, Status, BookName, OrderDetail.SalePrice,
        OrderDetail.Quantity from [Order],OrderDetail,Book where [Order].
        OrderId=OrderDetail.OrderId and OrderDetail.BookId=Book.BookId order
        by [Order].OrderId ";
        SqlParameter[] parameter=new SqlParameter[]
        {
            new SqlParameter ("@UserId",Convert.ToInt32(this.Session
            ["UserId"]))
        };
        DataTable dt=DataBase.GetDataSet(sql,parameter);
        IList<OrderInfo>orderInfoes=new List<OrderInfo>();
        OrderInfo orderInfo=new OrderInfo();
        string tempOrderId="11111";
        for (int i=0; i<dt.Rows.Count; i++)
```

```
            {
                if (tempOrderId !=dt.Rows[i]["OrderId"].ToString())
                {
                    orderInfo=new OrderInfo();
                    orderInfoes.Add(orderInfo);
                    orderInfo.OrderId=dt.Rows[i]["OrderId"].ToString();
                    orderInfo.OrderDate = Convert.ToDateTime(dt.Rows[i]
                    ["OrderDate"]);
                    orderInfo.Telephone=dt.Rows[i]["Telephone"].ToString();
                    orderInfo.Address=dt.Rows[i]["Address"].ToString();
                    orderInfo.RealName=dt.Rows[i]["RealName"].ToString();
                    orderInfo.TotalPrice = Convert.ToDecimal(dt.Rows[i]
                    ["TotalPrice"]);
                    orderInfo.Status=dt.Rows[i]["Status"].ToString();
                    tempOrderId=orderInfo.OrderId;
                }
                Book book=new Book();
                book.BookName=dt.Rows[i]["BookName"].ToString();
                book.SalePrice=Convert.ToDecimal(dt.Rows[i]["SalePrice"]);
                book.Quantity=Convert.ToInt32(dt.Rows[i]["Quantity"]);
                orderInfo.OrderDetails.Add(book);
            }
            this.rptOrder.DataSource=orderInfoes;
            this.rptOrder.DataBind();
        }
    }
```

此处要显示所有订单的详细信息，SQL 语句采用了 Order 表、Book 表、OrderDetail 表 3 个表的关联查询，使用 order by [Order].OrderId 对查询的结果根据 OrderId 进行排序。由于 Repeater 控件显示的需要，要把 SQL 语句查询的结果存储到 orderInfoes 对象中去，即把 SQL 查询返回的关系型数据集转换成面向对象的数据集。orderInfoes 对象是个集合，元素类型为 orderInfo。orderInfo 对象有 UserId、OrderId、Telephone 等属性来存储订单信息，orderInfo 的 OrderDetails 属性是个集合，元素类型为 Book，用来存储订单的详细信息，即订单中每一种图书的信息。

2. 设置订单"交易结束"状态

代码写在"交易结束"按钮单击事件关联的方法 btnComplete_Click 中，具体如下：

```
protected void btnComplete_Click(object sender,EventArgs e)
    {
        for (int i=0; i<this.rptOrder.Items.Count; i++)
        {
            CheckBox chkSelect= (CheckBox)this.rptOrder.Items[i].FindControl
```

```
            ("chkSelect");
            if (chkSelect.Checked ==true)
            {
                string orderId=((Label) this. rptOrder. Items [i]. FindControl
                ("lblOrderId")).Text;
                string sql="update [Order] set Status='交易结束' where OrderId=
                @OrderId";
                SqlParameter[] parameter=new SqlParameter[]
                {
                    new SqlParameter("@OrderId",orderId)
                };
                DataBase.ExecuteSql(sql,parameter);
            }
        }
        Response.Redirect("~/Admin/ManageOrder.aspx");
    }
```

如上代码,先遍历 rptOrder 的 Item 集合,通过 FindControl 方法找到每一项的复选框,然后判断复选框是否被选中,如果复选框被选中,再通过 FindControl 方法获取当前项对应订单记录的 OrderId,最后根据 OrderId 用 SQL 语句修改 Order 表的记录,把记录 State 字段值设为"交易结束"。

9.6　本章小结

单击 TreeView 控件的 Nodes 属性可以启动 TreeView 控件的节点编辑器。

DropDownList 的 DataTextField 和 DataValueField 字段可以分别绑定不同表中的字段,其中 DataTextField 字段值可以显示在页面上。

FileUpload.SaveAs 的方法可以把文件上传到 Web 服务器中。

FileUpload 上传文件时会给文件名重命名,一般可以根据当前时间来命名文件。

在实际应用中大部分页面都要做权限控制,防止恶意访问。

被嵌套的 Repeater 子控件的数据源可以是父 Repeater 控件数据源对象的属性。

9.7　本章习题

9.7.1　理论练习

1. 通过单击 TreeView 控件的(　　)属性可以编辑节点。
   A. Nodes　　　　B. Items　　　　C. Source　　　　D. Types
2. (　　)控件可以上传文件。
   A. File　　　　B. FileUpload　　　　C. Button

3. FileUpload 的（　　）方法可以在服务器保存文件。
   A. SaveAs　　　　　　B. Save　　　　　　　C. Upload
4. DropDownList 控件的（　　）属性值可以显示在界面上。
   A. DataValueField　　B. DataTextField
5. 下面（　　）表名在 SQL 语句中使用要加[ ]。
   A. User　　　　　　　B. Customer
6. 下面（　　）能处理与日期时间有关的信息。
   A. DateTime　　　　　B. Date　　　　　　　C. Time
7. 图书类别信息（　　）直接从 Category 表中删除。
   A. 能　　　　　　　　B. 不能
8. 本章系统中后台管理员（　　）登录用户界面购买图书。
   A. 能　　　　　　　　B. 不能
9. 数据库表 Category 中图书类别编号（CategoryId）（　　）类型比较方便编程。
   A. 字符型　　　　　　B. 自动递增的整型　　C. DateTime
10. 如果订单表（Order）和订单详细表（OrderDetail）合并成一个表将（　　）。
    A. 存储效率更高　　　　　　　　　　B. 数据冗余增加
    C. 存储效率不确定　　　　　　　　　D. 编程更加不方便

9.7.2　实践操作

1. 在后台管理中增加用户管理模块，实现对普通用户的增加、删除、修改和查询。

2. 在后台管理的大部分页面中不需要登录即可以进行管理，这是本系统的一个 Bug，请修改所有具有此 Bug 的页面。

3. AddCategory.aspx 页面添加类别时没有检测当前输入的类别名称是否已经存在数据库中，这是一个 Bug，请改进。

4. EditCategory.aspx 页面的删除按钮代码直接把类别从 Category 表删除了，没有考虑这个类别是否有图书，要是有，那么图书就会没有类别了，考虑如何解决这个问题，并用代码实现。

5. AddBook.aspx 页面中添加图书的代码没有检测 Book 表中是否已经存在当前添加的图书，这是系统的一个 Bug，请编写代码修复这个 Bug。

6. ManageOrder.aspx 页面中显示了所有订单信息，包括"交易结束"和"交易中"的订单，如果订单太多，会导致管理不善，请修改该页，增加一个选项，让管理员可以分别查看"交易结束"和"交易中"的订单，页面默认显示的是订单状态为"交易中"的订单。

参 考 文 献

[1] 宋海兰,李航,沙继东,等. ASP.NET 3.5 项目开发实战[M]. 北京:电子工业出版社,2011.
[2] 温谦,赵伟,胡静,等. 网页制作综合技术教程[M]. 北京:人民邮电出版社,2011.
[3] 北大青鸟公司. .NET 企业级应用开发——ASP.NET&Web Service[M]. 北京:科学技术文献出版社,2006.
[4] 北大青鸟公司. .NET 平台和 C♯编程[M]. 北京:科学技术文献出版社,2006.
[5] 崔永红,等. ASP.NET 程序设计[M]. 北京:中国铁道出版社,2007.